中高职衔接贯通培养计算机类系列教材

Java 程序设计基础

何　鑫　李成龙　主编
韩芝萍　副主编
薛永三　主审

化学工业出版社
·北京·

本书作为中高职衔接贯通培养教材 Java 语言类第一阶段的基础教学书，分为 7 章，主要介绍 Java 语言发展历史、Java 语言特性、Java 的运行环境的配置及安装使用；详细介绍变量、数据类型、关键字、运算符、表达式、数据转换等 Java 基础语法知识，选择结构流程控制、循环结构流程控制，Java 数组及字符串类型的相关知识。

　　本书突出实用编程开发能力，适用于中高职衔接贯通培养中职阶段、高职阶段的 Java 语言学习，也适用于有一定计算机基础的高职高专学生学习程序开发。也可供程序设计人员与开发人员参考。

图书在版编目（CIP）数据

Java 程序设计基础 / 何鑫，李成龙主编. —北京：化学工业出版社，2016.10（2023.8重印）
中高职衔接贯通培养计算机类系列教材
ISBN 978-7-122-28098-5

Ⅰ.①J… Ⅱ.①何… ②李… Ⅲ.①Java 语言-程序设计-职业教育-教材 Ⅳ.①TP312.8

中国版本图书馆 CIP 数据核字（2016）第 221759 号

责任编辑：廉　静	文字编辑：张绪瑞
责任校对：宋　玮	装帧设计：刘丽华

出版发行：化学工业出版社（北京市东城区青年湖南街 13 号　邮政编码 100011）
印　　装：北京科印技术咨询服务有限公司数码印刷分部
787mm×1092mm　1/16　印张 12　字数 291 千字　2023 年 8 月北京第 1 版第 3 次印刷

购书咨询：010-64518888　　　　　　　　售后服务：010-64518899
网　　址：http://www.cip.com.cn
凡购买本书，如有缺损质量问题，本社销售中心负责调换。

定　　价：28.00 元　　　　　　　　　　　　　　　　　　　　　版权所有　违者必究

中高职衔接贯通培养计算机类系列教材
编审委员会

主　任：张继忠（黑龙江农业经济职业学院）

副主任：姜桂娟（黑龙江农业经济职业学院）
　　　　　薛永三（黑龙江农业经济职业学院）
　　　　　李成龙（安达市职业技术教育中心学校）
　　　　　李世财（泰来县职业技术教育中心学校）

委　员：何　鑫（黑龙江农业经济职业学院）
　　　　　柴方艳（黑龙江农业经济职业学院）
　　　　　李志川（黑龙江农业经济职业学院）
　　　　　傅全忠（克东县职业技术教育中心学校）
　　　　　程德民（密山市职业技术教育中心学校）
　　　　　初艳雨（依兰县职业技术教育中心学校）
　　　　　宋文峰（绥棱县职业技术教育中心学校）
　　　　　孙秀芬（黑河市爱辉区职业技术学校）
　　　　　赵柏玲（宾县职业技术教育中心学校）
　　　　　程秀贵（黑龙江省机电工程学校）
　　　　　赵树敏（黑龙江农业经济职业学院）
　　　　　于瀛军（黑龙江农业经济职业学院）
　　　　　刘　颖（哈尔滨鑫联华信息技术开发有限公司）
　　　　　吕　达（哈尔滨鑫联华信息技术开发有限公司）

编 写 说 明

黑龙江农业经济职业学院 2013 年被黑龙江省教育厅确立为黑龙江省首批中高职衔接贯通培养试点院校，在作物生产技术、农业经济管理、畜牧兽医、水利工程、会计电算化、计算机应用技术 6 个专业开展贯通培养试点，按照《黑龙江省中高职衔接贯通培养试点方案》要求，以学院牵头成立的黑龙江省现代农业职业教育集团为载体，与集团内 20 多所中职学校合作，采取"二三分段"（两年中职学习、三年高职学习）和"三二分段"（三年中职学习、两年高职学习）培养方式，以"统一方案（人才培养方案、工作方案）、统一标准（课程标准、技能考核标准），共享资源、联合培养"为原则，携手中高职院校和相关行业企业协会，发挥多方协作育人的优势，共同做好贯通培养试点工作。

学院高度重视贯通培养试点工作，紧紧围绕黑龙江省产业结构调整及经济发展方式转变对高素质技术技能人才的需要，坚持以人的可持续发展需要和综合职业能力培养为主线，以职业成长为导向，科学设计一体化人才培养方案，明确中职和高职两个阶段的培养规格，按职业能力和素养形成要求进行课程重组，整体设计、统筹安排、分阶段实施，联手行业企业共同探索技术技能人才的系统培养。

在贯通教材开发方面，学院成立了中高职衔接贯通培养教材编审委员会，依据《教育部关于推进中等和高等职业教育协调发展的指导意见（教职成[2011]9 号）》及《教育部关于"十二五"职业教育教材建设的若干意见（教职成[2012]9 号）》文件精神，以"五个对接"（专业与产业对接、课程内容与职业标准对接、教学过程与生产过程对接、学历证书与职业资格证书对接、职业教育与终身学习对接）为原则，围绕中等和高等职业教育接续专业的人才培养目标，系统设计、统筹规划课程开发，明确各自的教学重点，推进专业课程体系的有机衔接，统筹开发中高职教材，强化教材的沟通与衔接，实现教学重点、课程内容、能力结构以及评价标准的有机衔接和贯通，力求"彰显职业特质、彰显贯通特色、彰显专业特点、彰显课程特性"，编写出版了一批反映产业技术升级、符合职业教育规律和技能型人才成长规律的中高职贯通特色教材。

系列贯通教材开发体现了以下特点：

一是创新教材开发机制，校企行联合编写。联合试点中职学校和行业企业，按课程门类组建课程开发与建设团队，在课程相关职业岗位调研基础上，同步开发中高职段紧密关联课程，采取双主编制，教材出版由学院中高职衔接贯通培养教材编审委员会统筹管理。

二是创新教材编写内容，融入行业职业标准。围绕专业人才培养目标和规格，有效融入相关行业标准、职业标准和典型企业技术规范，同时注重吸收行业发展的新知识、新技术、新工艺、新方法，以实现教学内容的及时更新。

三是适应系统培养要求,突出前后贯通有机衔接。在确定好人才培养规格定位的基础上,合理确立课程内容体系。既要避免内容重复,又要避免中高职教材脱节、断层问题,要着力突出体现中高职段紧密关联课程的知识点和技能点的有序衔接。

四是对接岗位典型工作任务,创新教材内容体系。按照教学做一体化的思路来开发教材。科学构建教材体系,突出职业能力培养,以典型工作任务和生产项目为载体,以工作过程系统化为一条明线,以基础知识成系统和实践动手能力成系统为两条暗线,系统化构建教材体系,并充分体现基础知识培养和实践动手能力培养的有机融合。

五是以自主学习为导向,创新教材编写组织形式。按照任务布置、知识要点、操作训练、知识拓展、任务实施等环节设计编写体例,融入典型项目、典型案例等内容,突出学生自主学习能力的培养。

贯通培养系列教材的编写凝聚了贯通试点专业骨干教师的心血,得到了行业企业专家的支持,特此深表谢意!作为创新性的教材,编写过程中难免有不完善之处,期待广大教材使用者提出批评指正,我们将持续改进。

中高职衔接贯通培养计算机类系列教材编审委员会
2016 年 6 月

前言

Java 是由 Sun Microsystems 公司于 1995 年推出的可以编写跨平台应用软件的面向对象的高级程序设计语言。2010 年 Sun Microsystems 公司被 Oracle 公司收购。现今 Java 是几乎所有类型的网络应用程序的基础，也是开发和提供嵌入式和移动应用程序、游戏、基于 Web 的内容和企业软件的全球标准。Java 语言在全球有超过 900 万的开发人员，能够高效地开发、部署功能强大的应用程序和服务。鉴于其在软件开发方面的霸主地位，各高校已将其作为计算机类学生必修的课程之一。

《Java 程序设计基础》是计算机类各专业中高职衔接贯通培养系列教材之一，本教材与高职段《Java 面向对象程序设计》对应开发，按照紧密贯通有序衔接的要求，基于中高职段人才培养规格定位，遵循程序语言学习规律，合理确立教材内容体系，本书适用于 Java 程序语言第一阶段的基础教学，全部内容采用项目驱动、任务分解的形式，共分为七个项目，以下是每一个项目的简单介绍。

项目一以开发 Java 程序为例，主要介绍 Java 语言发展历史，Java 语言特性，Java 的运行环境的配置及安装使用。通过本项目学习，初学者能够掌握 Java 运行环境的搭建，JDK 的安装过程，配置 MyEclipse 的安装和使用，并实现第一个 Java 程序的编写、运行、测试。

项目二、项目三通过成绩的存储和输出及学生成绩的管理为例，详细介绍变量、数据类型、关键字、运算符、表达式、数据转换等 Java 基础语法知识，了解并掌握 Java 基本语法及编写基础，开发简单学生成绩管理系统。

项目四、项目五介绍了选择结构流程控制、循环结构流程控制，是 Java 流程控制的两个重要部分，这种流程控制将决定程序执行哪些指定的部分，或是否重复执行某些特定的部分，大大提升了程序的执行效率，升级学生成绩管理系统功能。

项目六讲解了 Java 数组，数组在程序编写过程中应用非常之广泛，灵活地应用数组在实际开发中会起到重要的作用，开发彩票中奖号码生成系统。

项目七详细介绍了字符串类型的相关知识。在应用程序中经常使用到这种字符串操作，对字符串的常用操作方法在实际应用中也屡见不鲜，开发字符串交流转换系统。

本书内容安排合理，逻辑性强，讲解循序渐进，通俗易懂，符合三二分段的中高职两个学习阶段的学生认知过程及学习规律，既适合中等职业教育阶段学生对于软件开发语言的认知，也适合高等职业教育阶段的强化和深入学习。

本教材由黑龙江农业经济职业学院何鑫、安达市职业技术教育中心李成龙担任主编，负责制定编写大纲和全书统稿工作，由黑龙江农业经济职业学院韩芝萍担任副主编。项目一、二、三由黑龙江农业经济职业学院何鑫编写。项目四由安达市职业技术教育中心学校李成龙编写，项目五由绥棱县职业技术教育中心学校吕静编写，项目四、五的项目实训与练习及项目六、七由黑龙江农业经济职业学院韩芝萍编写，黑龙江农业经济职业学院薛永三担任主审。研发团队在这一年多的编写过程中付出了很多辛勤的汗水。针对教材中的不妥之处，欢迎各界专家和读者朋友们提供宝贵意见和建议。

编者
2016 年 6 月

项目一 开发第一个 Java 程序

任务　开发 Java 程序 1
　　一、使用记事本开发 HelloWorld 1
　　二、MyEclipse 开发 Java 程序 8
项目实训与练习 20

项目二 成绩的存储与输出

任务　学生成绩输出 22
项目实训与练习 29

项目三 学员成绩的 Java 操作

任务一　运算符 31
　　一、赋值运算符 31
　　二、算术运算符 36
　　三、关系运算符 43
　　四、逻辑运算符 53
　　五、运算符的优先级 60
任务二　表达式 65
　　一、表达式结构 65
　　二、表达式类型转换 71
项目实训与练习 79

项目四 成绩转换

任务　学生成绩管理 81
项目实训与练习 94

项目五 循环录入学生成绩

任务　循环录入姓名及成绩 96
项目实训与练习 107

项目六 彩票中奖号码的实现

任务一　认识数组及创建数组 110
任务二　数组的应用及基本操作 120
任务三　认识方法 130

一、方法的声明···130
　　二、变量的作用域···136
　　三、无参方法的使用···142
　　四、方法的有参传递···147
　项目实训与练习···154

项目七　字符串交流信息

　任务一　认识字符串及创建字符串···156
　任务二　字符串方法的应用···166
　项目实训与练习···179

参考文献···182

项目一 开发第一个 Java 程序

项目目标

本章的主要内容是介绍 Java 语言的发展史、特性、用途以及程序的概念，介绍 Java 环境变量配置和开发平台。详细介绍 Java 语言的特性以及环境变量配置，重点掌握使用记事本和开发平台开发第一个 Java 程序。通过本章的学习，了解 Java 语言的发展史、特性及用途；初步理解 Java 的用途；掌握环境变量的配置及 MyEclipse 开发平台的使用；初步掌握 Java 程序开发。

项目内容

配置 Window7 操作系统中的环境变量，使用记事本开发第一个 Java 程序"HelloWorld"，使用 MyEclipse 开发平台开发 Java 程序，换行输出 Java 语言特性。

Java 语言程序有着极佳的兼容性，极简单的编译平台可通过记事本就能实现代码开发。MyEclipse 提供了大量的插件及功能使得程序开发变得非常简洁和方便。

任务 开发 Java 程序

一、使用记事本开发 HelloWorld

◇ 需求分析

利用记事本开发 Java 程序。

1. 需求描述

在 Windows7 操作系统中配置环境变量，调试 Java 编译器，利用记事本编写第一个 Java 程序，调试运行。

2. 运行结果（见图 1-1）

图 1-1 运行结果显示

✧ 知识准备

1. 技能解析

在 oracle 官网下载 jdk-8u73-windows-i586.exe 并安装 JDK8.0，运行安装文件，左键单击【下一步】按钮，选择功能路径（默认选项）单击【下一步】按钮，设置 jre 路径单击【下一步】按钮，安装完成单击【关闭】，至此 JDK 安装完成。如图 1-2～图 1-8 安装过程所示。

图 1-2 安装程序运行提示　　　　　图 1-3 安装程序向导

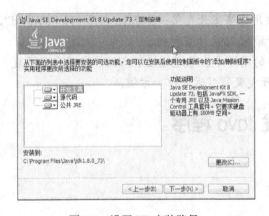 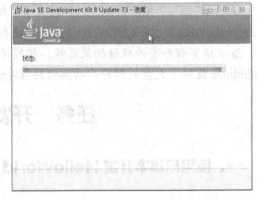

图 1-4 设置 jdk 安装路径　　　　　图 1-5 jdk 安装进度

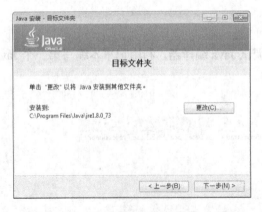 

图 1-6 设置 jre 安装路径　　　　　图 1-7 jre 安装进度

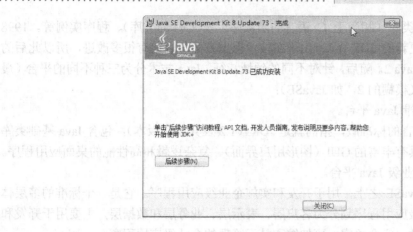

图 1-8　安装完成

2. 知识解析

（1）Java 语言的由来　Java 起源于 20 世纪 90 年代初 Sun 公司的一个叫 Green 的项目，该项目是以开发嵌入家用电器的分布式软件系统，提高电器智能化为目标。项目采用 C++进行系统开发，在开发过程中由于 C++语言过于复杂、安全性差等出现了很多问题。项目小组则开发了一个"简单的、可靠的、紧凑的并易于移植的"小型的计算机语言，命名为 Oak 语言，Oak 是橡树的意思。但是因为注册的问题没有达成一致，于是在一个偶然情况通过手中的产自爪哇岛的热咖啡联想到了印度尼西亚这个盛产咖啡的岛屿，Java 语言得名于此。

（2）Java 语言发展史（见表 1-1）

表 1-1　Java 语言发展史列表

1991 年~1995 年	Sun 公司成立 Green 项目，研发出 Oak 语言（Java 语言的前身），由嵌入式开发方向转向 WWW（万维网）
1995 年 5 月 23 日	Java 语言诞生
1996 年	JDK1.0
1997 年	JDK1.1
1998 年	JDK1.2
1999 年	J2SE、J2EE、J2Me
2000 年	JDK1.3、JDK1.4
2001 年	J2EE1.3
2002 年	J2SE1.4
2005 年	J2SE1.5
2006 年	J2SE 更名为 JavaSE、J2EE 更名为 JavaEE、J2Me 更名为 JavaME
2006 年	JRE6.0
2011 年	Java7.0
2014 年	Java8.0

Java 语言的发展目标并不仅仅是一种编程语言，同时还要构建一种开发环境、一种应用环境、一种部署环境。

作为 Java 语言的最基本支持，Sun 公司在 1996 年发布了 Java 开发工具包 JDK 1.0（JDK 是 Java Develop Kit 的简称），其中包括了进行 Java 开发所需要的各种实用程序（编译、执行、文档生成器等)、基本类库(相当于 C 语言的函数库以及 C++的类库)、程序实例等。1998 年,Sun 公司发布了更新的 JDK 1.2,由于在技术思想方面与以前有很多改进,所以此后的 Java 技术一般称之为 Java 2。随后,针对不同的领域特征,Java 技术分为三种不同的平台(最新的称谓又去掉了意义模糊的 2,如 JavaSE):

① JavaSE——标准 Java 平台。

JavaSE 是 Java 语言的标准版,指的就是 JDK(1.2 及其以后版本),包含 Java 基础类库和语法。它用于开发具有丰富的 GUI(图形用户界面)、复杂逻辑和高性能的桌面应用程序。

② JavaEE——企业级 Java 平台。

JavaEE 建立在 JavaSE 之上,用于开发和实施企业级应用程序。它是一个标准的多层体系结构,可以将企业级应用程序划分为客户层、表示层、业务层和数据层,主要用于开发和部署分布式、基于组件、安全可靠、可伸缩和易于管理的企业级应用程序。

③ JavaME——嵌入式 Java 技术平台。

JavaME 也是建立在 JavaSE 之上,主要用于开发具有有限的连接、内存和用户界面能力的设备应用程序。例如移动电话(手机)、PDA(电子商务)、能够接入电缆服务的机顶盒或者各种终端和其他消费电子产品。

任何语言建立的应用程序的类型或多或少都与应用程序的运行环境有关,而 Java 语言一般可以建立如下的两种程序:

① Applications。Applications 是一种独立的程序,它是一种典型的通用程序,可运行于任何具备 Java 运行环境的设备中。

② Applets。Applets 是一种储存于 WWW 服务器上的用 Java 编程语言编写的程序,它通常由浏览器下载到客户端系统中,并通过浏览器运行。Applets 通常较小,以减少下载时间,它由超文本标识语言(HTML)的 Web 页来调用。

Java 运行环境具有一些特殊性,或者有很多特殊的人为建立的运行环境,所以 Java 编程中经常建立各种组件,它们可以在特定环境中运行,如 Servlet、JavaBean、JSP 等。

在 Java 技术体系中,有很多免费或非免费的第三方 Java 组件,它们往往提供了某一方面的解决方案,可以应用在很多项目的开发过程中。

(3) Java 语言的特性 Java 语言适用于 Internet 环境,是一种被广泛使用的网络编程语言,它具有如下的一些特点。

① 简单、面向对象(近于完全)。Java 语言为了提高效率,定义了几个基本的数据类型以非类的方式实现,余下的所有数据类型都以类的形式进行封装,程序系统的构成单位也是类。因而几乎可以认为是完全面向对象。

② 平台无关性(可移植、跨平台)。Java 虚拟机(JVM)是在各种体系结构真实机器中用软件模拟实现的一种想象机器,必要时可以用硬件实现。

当然,这些虚拟机内部实现各异,但其功能是一致的——执行统一的 Java 虚拟机指令。

Java 编译器将 Java 应用程序的源代码文件(.java)翻译成 Java 字节码文件(.class),它是由 Java 虚拟机指令构成的。由于是虚拟机器,因而 Java 虚拟机执行 Java 程序的过程一般称为解释。

依赖于虚拟机技术,Java 语言具有与机器体系结构无关的特性,即 Java 程序一旦编写好之后,不需进行修改就可以移植到任何一台体系结构不同的机器上。

从操作系统的角度看,执行一次 Java 程序的过程就是执行一次 Java 虚拟机进程的过程。

③ 面向网络编程。Java 语言产生之初就面向网络，在 JDK 中包括了支持 TCP/IP、HTTP 和 FTP 等协议的类库。

④ 多线程支持。多线程是程序同时执行多个任务的一种功能。多线程机制能够使应用程序并行执行多项任务，其同步机制保证了各线程对共享数据的正确操作。

⑤ 良好的代码安全性。运行时（Runtime）一词强调以动态的角度看程序，研究程序运行时的动态变化，也用运行时环境一词表达类似的含义。

Java 技术的很多工作是在运行时完成的，如加强代码安全性的校验操作。

一般地，Java 技术的运行环境执行如下三大任务：

a．加载代码——由类加载器执行。类加载器为程序的执行加载所需要的全部类（尽可能而未必同时）。

b．校验代码——由字节码校验器执行。Java 代码在实际运行之前要经过几次测试。字节码校验器对程序代码进行四遍校验，这可以保证代码符合 JVM 规范并且不破坏系统的完整性。如一一检查伪造指针、违反对象访问权限或试图改变对象类型的非法代码。

c．执行代码——由运行时的解释器执行。

⑥ 自动垃圾收集。许多编程语言都允许在程序运行时动态分配内存块，分配内存块的过程由于语言句法不同而有所变化，但总是要返回指向存储区起始位置的指针。

在 C、C++及其他一些语言中，程序员负责取消分配内存块。有时这是一件很困难的事情。因为程序员并不总是事先知道内存块应在何时被释放。当在系统中没有能够被分配的内存块时，可导致程序瘫痪，这种程序被称作具有内存漏洞。

当分配内存块不再需要时，程序或运行环境应取消分配内存块。

垃圾收集就是将不再需要的已分配内存块回收。

在其他一般的语言中，取消分配是程序员的责任。

Java 编程语言提供了一种系统级线程以跟踪存储区分配，来完成垃圾收集：

a．可检查和释放不再需要的存储块；

b．可自动完成上述工作；

c．可在 JVM 实现周期中，产生意想不到的变化。

⑦ 良好的代码健壮性。Java 能够检查程序在编译和运行时的错误。类型检查能帮助用户检查出许多在开发早期出现的错误。同时很多集成开发工具（IDE）的出现使编译和运行 Java 程序更加容易，并且很多集成开发工具（如 Eclipse）都是免费的。

（4）什么是程序　完成某些事情的一种既定方式和过程，是对一系列动作执行过程的描述。计算机按照某种顺序完成一系列指令，这一系列指令的集合称为程序。

（5）Java 可以用来做什么　开发桌面应用程序和 Internet 应用程序。

✧ 操作实施

打开记事本编写如下代码，并将文件保存至根目录下，命名为 HelloWorld.java。
（1）代码如下：

```
public class HelloWorld {
    /**
     * @param args
     */
```

```
        public static void main(String[] args) {
            System.out.println("你好 Java! ");
        }
    }
```

（2）输出如图 1-9 所示。

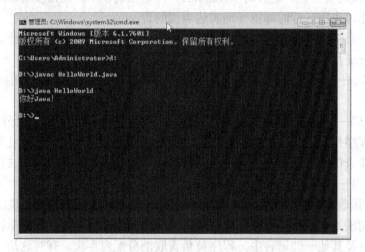

图 1-9 命令行窗口输出效果

✧ 调试运行

配置 Windows7 环境变量，利用"记事本"工具开发第一个 Java 程序，操作如下所示。

① 右键单击【我的电脑】，在弹出的下拉菜单中选择"属性"命令，打开"系统"对话框，如图 1-10 所示。

② 在打开的"系统"对话框中，选择"高级系统设置"，打开"系统属性"对话框，如图 1-11 所示。

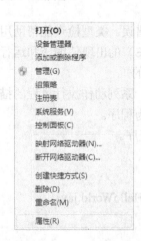

图 1-10 鼠标右键菜单

图 1-11 "系统属性"对话框

③ 在"系统属性"对话框中，选择"高级"选项卡，单击【环境变量】按钮，打开"环境变量"对话框，如图 1-12 所示。

④ 在"环境变量"对话框中，单击【新建】按钮，打开"新建系统变量"对话框，如图 1-13 所示。

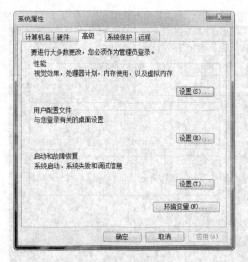

图 1-12 "高级"选项卡　　　　　　　　图 1-13 "环境变量"对话框

⑤ 在"新建系统变量"对话框中，变量名键入"JAVA_HOME"，变量值键入"C:\Program Files\Java\jdk1.8.0_11"（JDK 的安装路径），单击【确定】按钮，如图 1-14 所示。

⑥ 再次单击【新建】按钮，打开"新建系统变量"对话框，变量名键入"CLASSPATH"，变量值键入".;%JAVA_HOME%\lib\dt.jar;%JAVA_HOME%\lib\tools.jar;"，单击【确定】按钮，如图 1-15 所示。

图 1-14 "JAVA_HOME"对话框　　　　图 1-15 "CLASSPATH"对话框

⑦ 在"系统变量"窗口找到"Path"变量，单击【编辑】按钮，打开"编辑系统变量"对话框，变量值一项最前面键入"%JAVA_HOME%\bin;%JAVA_HOME%\jre\bin;"，单击【确定】按钮，如图 1-16 所示。

图 1-16 "Path"对话框

⑧ 单击【开始】按钮，在"搜索程序和文件"一栏，键入"cmd"，打开"cmd"对话框，如图 1-17 所示。

⑨ 在"cmd"窗口闪动的光标处键入"javac"，单击【回车】按钮，出现如下内容，环境变量则配置完成，如图 1-18 所示。

图 1-17 "搜索程序和文件"对话框

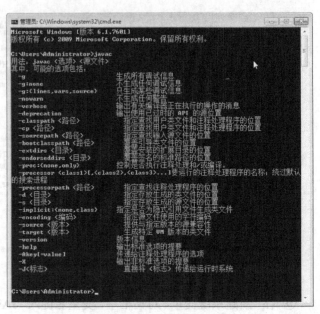

图 1-18 "命令号提示符"窗口

◇ **维护升级**

二、MyEclipse 开发 Java 程序

◇ **需求分析**

1. 需求描述

使用 MyEclipse 平台开发 Java 程序，简单设置 MyEclipse 开发环境并对 MyEclipse 平台调优。

2. 运行结果（如图 1-19 所示）

图 1-19 运行结果显示

◇ **知识准备**

1. 技能解析

（1）安装 MyEclipse 开发平台　这里以 MyEclipse2013 为例，MyEclipse2013 支持 HTML5、JQuery 和主流的 Javascript 库。随着 MyEclipse 2013 支持 Html 5，你可以添加音频、

视频和 API 元素到你的项目，从而为移动设备创建复杂的 Web 应用程序。你甚至还可以通过 HTML5 可视化设计器设计令人难以置信的用户界面。同时，随着 MyEclipse 2013 支持 JQuery，你可以通过插件提升性能，并添加动画效果到设计中。

① 运行 MyEclipse 安装包，在引导页面单击【Next】按钮，如图 1-20、图 1-21 所示。

图 1-20　加载安装程序

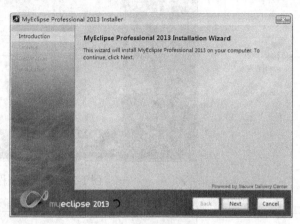

图 1-21　安装程序向导

② 在"许可协议"对话框中，选择"I accept the terms of the license agreement"一项，单击【Next】按钮，如图 1-22 所示。

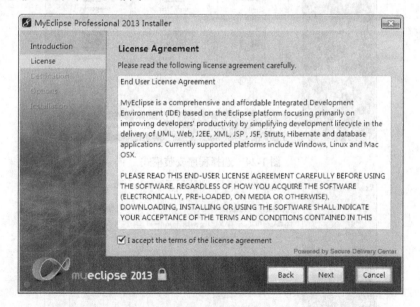

图 1-22　加载安装程序

③ 在"选择安装路径"对话框中，单击【Change】按钮可设置安装路径，也可选择默认 C 盘路径，单击【Next】按钮，如图 1-23 所示。

④ 在"可选软件"对话框中，选择"All"一项，单击【Next】按钮，如图 1-24 所示。

⑤ 设置选择完毕，软件开始安装，进度条至百分百时，安装程序自动跳至完成对话框，如图 1-25 所示。

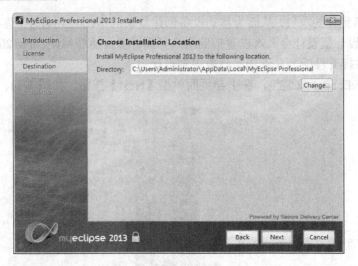

图 1-23　设置安装程序路径

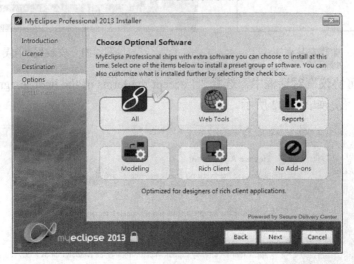

图 1-24　选择程序安装模式

图 1-25　显示安装进程

⑥ 在"安装完成"对话框中，可选择"Launch MyEclipse Professional"一项，直接启动 MyEclipse 开发平台，单击【Finish】按钮，如图 1-26 所示。

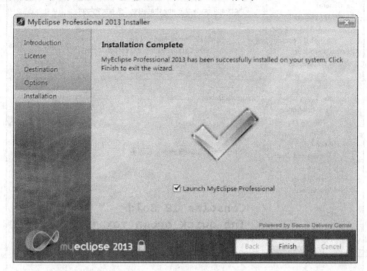

图 1-26　程序安装完成

（2）设置和优化 MyEclipse 开发平台　MyEclipse2013 集成了大量的开源插件，为开发者提供诸多便利，但是大量的插件也降低了平台的启动和执行速度，故此对 MyEclipse2013 进行简单的优化，以提高其启动和运行速度。

① 设置 MyEclipse 字体，单击【Window】（窗口）下拉菜单中的【Preferences】（系统设置）命令，如图 1-27 所示。

图 1-27　"Window"下拉菜单

② 在"Perferences"对话框中，选择"General"（常规）→"Appearance"（外观）一项，在"Colors and Fonts"对话框中，选择"Basic"（基本）中的"Text Font"（文本字体）一项，单击右侧【Edit】（编辑）按钮，如图 1-28 所示。

③ "字体"对话框中，根据使用需要设置文字的字体、字形和字号，单击【确定】按钮，如图 1-29 所示。

图 1-28 "系统设置"对话框

④ 优化 MyEclipse2013。为方便及规范开发路径，首先单击【File】（文件）菜单，选择"Switch Workspace"（切换工作区）中的"Other"（其他）一项，如图 1-30 所示。

图 1-29 "字体"对话框

图 1-30 "File"下拉菜单

⑤ 在打开的"Workspace Launcher"（工作区启动栏）对话框中，根据使用习惯设置工作区路径，单击【OK】按钮，程序将会自动重启转向新的工作区，如图 1-31 所示。

项目一 开发第一个 Java 程序

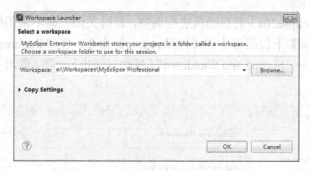

图 1-31 "Workspace Launcher"对话框

⑥ 其次对 MyEclipse2013 的加载项进行优化，将暂时不用的控件和窗口都关闭，如图 1-32 所示。

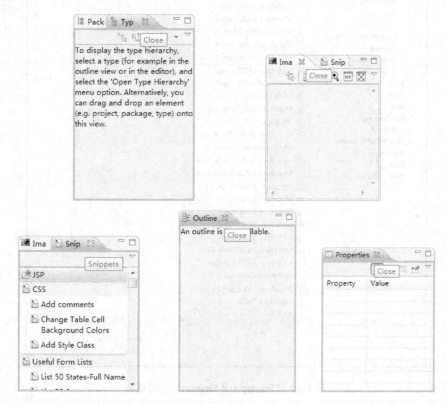

图 1-32 关闭多余窗口

⑦ 将开发平台下方的"控制台"窗口多余项全部关闭，只保留"Console"选项卡，如图 1-33 所示。

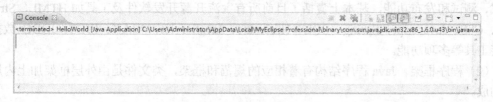

图 1-33 "Console"对话框

⑧ 最后将 MyEclipse2013 的启动项进行调整，暂时关闭一些不常用的项，提高程序启动速度，单击【Window】下拉菜单中的【Preferences】命令，在"Perferences"对话框中，选择"General"（常规）→"Startup and Shutdown"（启动与退出）一项，取消不常用项，如图 1-34 所示。

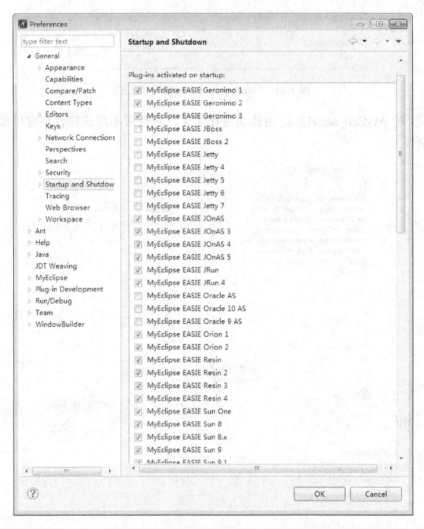

图 1-34 "Startup and Shutdown"对话框

2. 知识解析

（1）MyEclipse 简介　MyEclipse 企业级工作平台（MyEclipse Enterprise Workbench，简称 MyEclipse）是对 Eclipse 开发平台的扩展，集成了大量 JavaEE 插件，包括了完备的编码、调试、测试和发布功能，基本上囊括了目前所有主流开源开发软件及工具如 HTML、Struts、JSP、CSS、Javascript、Spring、SQL、Hibernate、JavaServlet、AJAX、EJB3、JDBC 数据库链接工具等多项功能。

（2）程序框架　Java 程序结构有着相应的规范和框架，类文件是由外层框架加上内层框架构成。

public class HelloWorld(){}为外层框架，每个关键字中间要用空格分隔，public（公共的）

和 class（类）的顺序不能颠倒，HelloWorld 为当前的类名，其后跟着一组大括号，内层框架及编码内容都要包含在外层框架的大括号内。

public static void main(String[] args) {} 为内层框架之一，每个关键字中间要用空格分隔，main 方法在 Java 语言中是一个特殊方法，起到了程序入口的作用，类可以通过 main 方法的内层框架被执行，每个类中只能有一个 main 方法。需要被执行的编码和指令都要写在 main 方法之后的大括号内。

System.out.println("你好 Java！");为一行编码，作用是向控制台里输出"你好 Java！"的信息。

（3）编码规范　Java 有着严格的编码规范，遵守规范是一个 Java 程序员的基本要求。Java 的类名必须用 "public" 修饰，一般一行只写一条语句，"{}" 代表层次结构，"{" 一般放在开始行的最后，"}" 与该结构的第一个字母对齐，低一层次的语句或注释应比高一层次的语句或注释缩进若干空格。

（4）Java 注释　由于程序开发是多人分工协作完成的工作，故此注释尤为重要，Java 编译器不会编译注释内容。Java 语言提供了多种注释方式，常用的注释方式有两种，即单行注释和多行注释。

单行注释：通常应用在代码行之间，用于说明下面的代码的功用并且说明的内容较少，使用 "//" 后加说明内容的方式进行注释。如：// 在控制台输出你好 Java。

多行注释：通常应用在源文件或内层框架开头之前，用于说明文字较多，需要占用多行，使用 "/*" 开头，"*/" 结尾，多行注释的内容一般包括功能、作者、时间等说明文字。如：

```
/**
 * HelloWorld.java
 * 使用 MyEclipse 开发 Java 欢迎程序
 * 2016-2-1
 */
```

◆ **编码实施**

1．先了解一下 MyEclipse 2013 开发平台的主界面，优化完毕的开发平台主界面是比较简洁直观的，如图 1-35 所示。

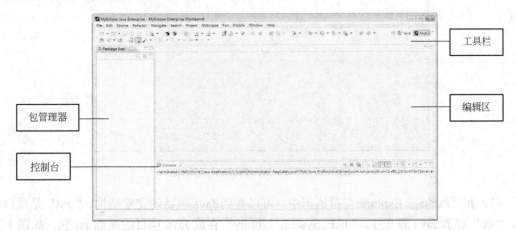

图 1-35 "MyEclipse2013" 主界面

（1）在"Package Explorer"（包资源管理器）窗格中，建立Java项目，单击【File】菜单，选择"New"（新建）一项，如图1-36所示，在打开的级联菜单中选择"Java Project"（Java项目）一项，如图1-37所示。

图1-36 "File"下拉菜单　　　　　　　　图1-37 "New"级联菜单

（2）在"New Java Project"（新建Java项目）对话框中，键入"Project name"（项目名称），单击【Finish】按钮，如图1-38所示。

图1-38 "New Java Project"对话框

（3）在"Package Explorer"对话框中，可以看到Java项目的完整结构，"test"是项目名称，"src"存放Java源文件，"JRE System Library"存放Java项目的基础Jar包，如图1-39所示。

（4）程序开发前，先要了解包的概念，Java 提供了包来管理类文件，类似文件夹，可以将不同的文件归类存储，利于管理和查找，在"test"图标或"src"图标上单击右键在弹出的下拉菜单"New"项中选择"Package"项，如图 1-40 所示。

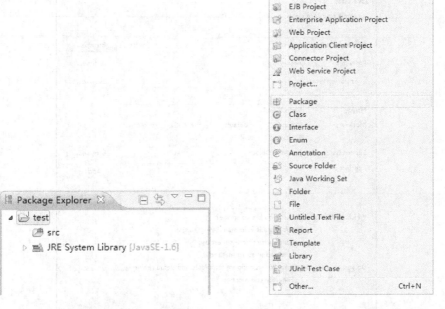

图 1-39 "包资源管理器"显示效果　　　图 1-40 "New"下拉菜单中"Package"项

（5）在"New Java Package"（新建 Java 包）对话框中，"Name"一项里键入所需包名，包名的命名通常由小写字母构成，一般都是由网络域名的倒序构成，后续部分可以特定的目录名命名，命名完成后单击【Finish】按钮，如图 1-41 所示。

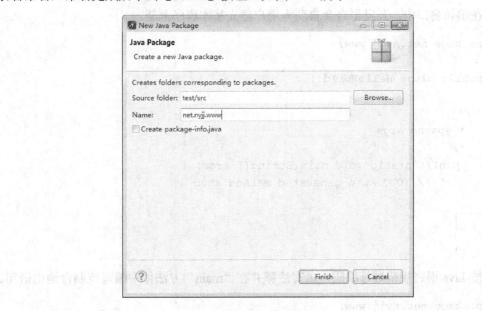

图 1-41 "New Java Package"对话框

（6）在新建的包名上单击右键，在弹出的下拉菜单"New"项中选择"Class"项，打开"New Java Class"（新建 Java 类）对话框，在"Name"一项里键入"HelloWorld"类名，并将"public static void main(String[] args)"一项选中，单击【Finish】按钮，如图 1-42 所示。

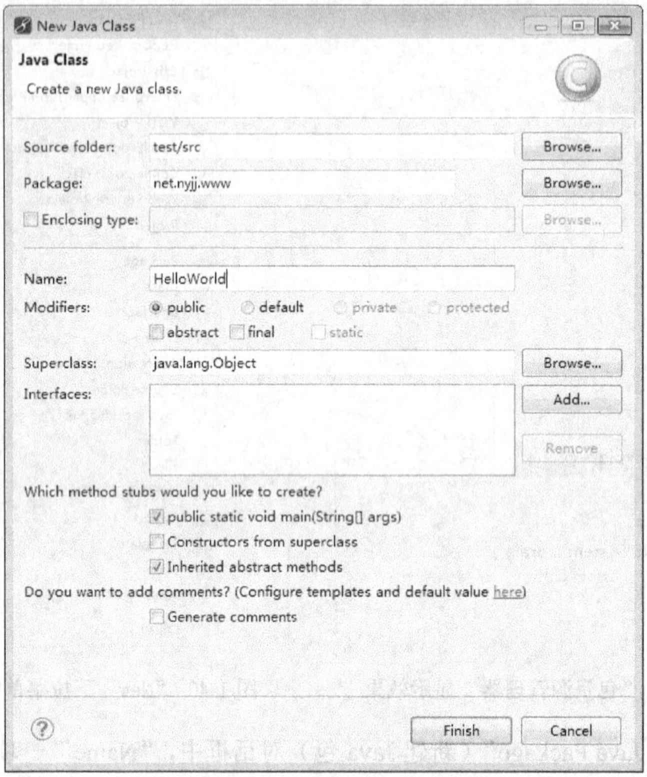

图 1-42 "New Java Class"对话框

（7）在编辑窗口中，开发平台会自动为用户建立基本程序框架。

```
package net.nyjj.www;

public class HelloWorld {

  /**
   * @param args
   */
   public static void main(String[] args) {
       // TODO Auto-generated method stub

   }

}
```

（8）按 Java 语言规范进行编码，填写注释并在"main"方法体中编写控制台输出语句。

```
package net.nyjj.www;
```

```java
public class HelloWorld {

    /**
     * HelloWorld.java
     * 使用MyEclipse开发Java欢迎程序
     * 2016-2-1
     */
    public static void main(String[] args) {
        // 在控制台输出你好Java
        System.out.println("你好 Java! ");

    }

}
```

2. 控制台输出如图 1-43 所示结果。

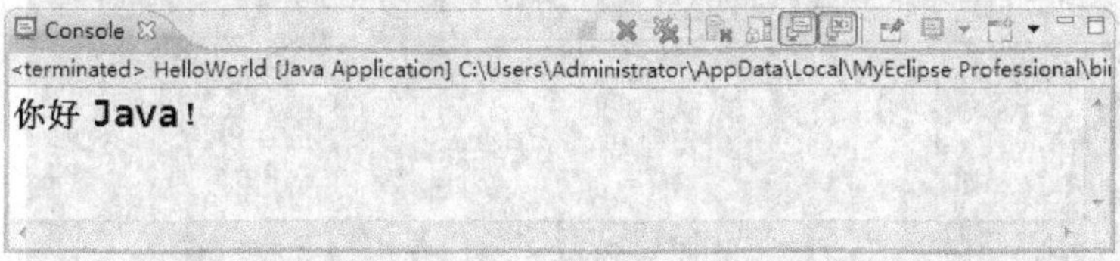

图 1-43 "控制台"输出效果

3. 除使用 MyEclipse2013 开发平台开发程序，也可在配置好环境变量的 Windows 环境下使用记事本直接编写 Java 程序。

（1）在桌面上新建文本文档，打开文本文档，编写代码，如图 1-44 所示。

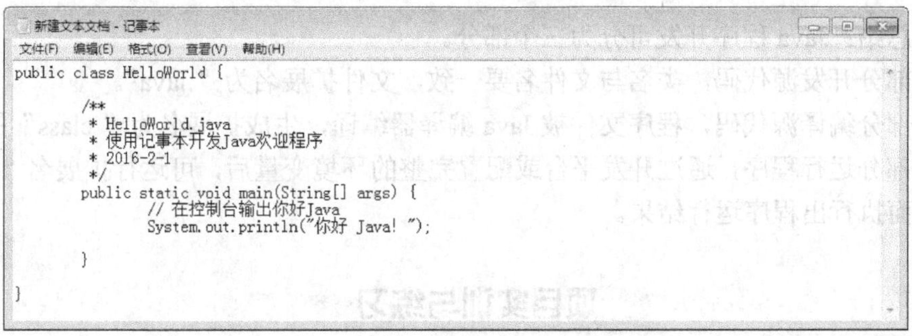

图 1-44 "记事本"编辑效果

（2）编辑完成，左键单击"文件"菜单，选择"另存为"命令，在"另存为"对话框中，设置文件名为"HelloWorld.java"，"保存类型"选择"所有文件"，单击【保存】按钮。如图 1-45 所示。

（3）保存完成，在运行对话框中输入"cmd"，打开"命令提示符"窗口，输入"HelloWorld.java"文件所在的路径，然后执行"javac HelloWorld.java"命令，编译完成没有任何错误提示，则再次输入"java HelloWorld"命令，程序执行结果则自动出现在窗口中。如图 1-46 所示。

图 1-45 "另存为"对话框

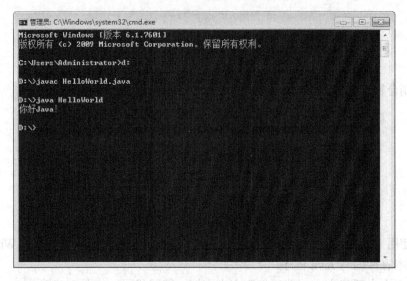

图 1-46 "命令提示符"窗口显示效果

阶段总结：Java 程序开发可分为三个部分。

第一部分开发源代码，类名与文件名要一致，文件扩展名为".java"。

第二部分编译源代码，程序文件被 Java 编译器编译，生成扩展名为".class"的文件。

第三部分运行程序，通过开发平台或配置完整的环境变量后，可运行扩展名".class"的文件，从而执行出程序运行结果。

项目实训与练习

一、操作题

1．Java 语言有哪些特点？
2．在记事本上开发"我爱编程！"的 Java 应用程序。
3．下载安装 JDKv8.0 并配置系统环境变量。
4．简述 Java 程序中注释的作用和类型。
5．使用 MyEclipse 平台和记事本编写程序输出个人信息。

二、选择题

1．下面关于 Java 语言特点的描述中错误的是（　　）。

　　A．Java 不是纯面向对象编程语言

B. Java 支持多线程编程
C. Java 支持分布式的网络应用
D. Java 程序与平台无关、可移植性强
2. 下面关于 main 方法的说明中正确的是（　　）。
    A. void main()
    B. private static void main(String args[])
    C. public main(String args[])
    D. public static void main(String ages[])
3. 下列关于 Eclipse 的叙述中，错误的是（　　）。
    A. Eclipse 是开源的   B. Eclipse 是免费的
    C. MyEclipse 是开源的   D. MyEclipse 是免费的
4. 在项目中建立 class 文件，应选择"新建"命令中的（　　）。
    A. 包   B. 类   C. 文件   D. 接口
5. 在命令行窗口运行一个 Java 程序，使用的命令正确的是（　　）。
    A. java Test.java   B. javac Test.java
    C. java Test   D. javac Test
6. Java 源代码文件的扩展名为（　　）。
    A. .txt   B. .class   C. .java   D. .doc
7. 在 Java 中有效的注释声明是（　　）。
    A. //这个注释是对的   B. */这个注释是对的/*
    C. /这个注释是对的   D. /*这个注释是对的*/
8. 下面说法正确的是（　　）。
    A. Java 程序中可以有多个 main()方法
    B. Java 程序的类名必须与文件名一致
    C. Java 程序的 main()方法必须
    D. Java 程序中的内层框架可以独立存在
9. 在 MyEclipse 中，（　　）窗口可以输出程序运行的结果。
    A. 包管理器   B. 控制台   C. 编辑器   D. Debug
10. 在控制台显示消息的语句正确的是（　　）。
    A. System.out.println(你好 Java!)
    B. System.out.println("你好 Java!")
    C. system.out.println("你好 Java!")
    D. System.out.println("你好 Java!")

项目二

成绩的存储与输出

✎ 项目目标

本章的主要内容是介绍 Java 语言的变量、数据类型、关键字的使用及 Java 语法规则和变量命名规范。详细介绍 Java 语言数据类型的分类，变量的定义及使用，关键字和编码的区别。重点掌握变量的定义及使用。通过本章的学习，了解变量、数据类型和关键字；掌握 Java 程序开发中变量的定义及使用方法。

✎ 项目内容

用 Java 语言描述班级学生 Java、数学、数据库基础知识三门课程的考试成绩，以变量的形式进行存储并在控制台输出变量里存储的值。

任务　学生成绩输出

◇ 需求分析

1. 需求描述

使用 MyEclipse2013 开发 Java 代码，声明变量并使用变量存储学员姓名及成绩，在控制台输出。

2. 运行结果（如图 2-1 所示）

```
Console
<terminated> Score [Java Application] C:\Users\Administrator\AppData\Local\MyEclipse Professional\binary\com.sun.j
学员      Java      数学      数据库
张三      86        80.5      80
李四      91        67.5      82
王五      90        79.5      86
```

图 2-1　学员成绩显示

◇ 知识准备

1. 技能解析

使用变量存储学员和学员成绩，定义变量 stu1、stu2、stu3 存储三名学员姓名，定义变量 java1、java2、java3 存储三名学员 Java 课程成绩，定义变量 mc1、mc2、mc3 存储三名学员数学课程成绩，定义变量 sql1、sql2、sql3 存储三名学员数据库课程成绩，使用转义字符控制格式，在控制台输出内容。

2．知识解析

（1）数据类型　程序开发过程中，所应用的数据有很多种，如"是"或"否"、12345、123.45、"你好"等，如此多的数据类型如何让编译器识别，如何能存储至内存中，在 Java 语言中就对数据进行了标准分类，Java 语言中数据类型有基本数据类型和引用数据类型两大类，如图 2-2 所示。

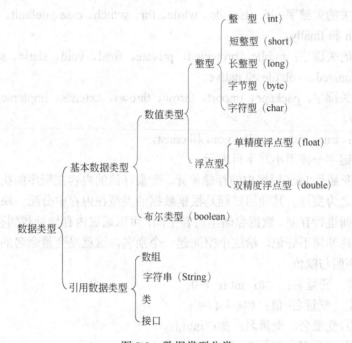

图 2-2　数据类型分类

① Java 中的基本数据类型

a．整型：

int 32 位，数值存储范围是 $-2^{31} \sim 2^{31}-1$；

short 16 位，数值存储范围是 −32768 至 32767；

long 64 位，数值存储范围是 $-2^{63} \sim 2^{63}-1$；

byte 8 位，数值存储范围是 −128 至 127；

char 16 位，数值存储范围是 $-2^{15} \sim 2^{15}-1$。

b．浮点型：

float 32 位，数值存储范围是 $-2^{31} \sim 2^{31}$ 的实数，直接赋值时必须在数字后加上 f 或 F；

double 64 位，数值存储范围是 $-2^{63} \sim 2^{63}$ 的实数，直接赋值时在数字后加上 d 或 D，也可不加。

c．布尔型：boolean 1 位，只有 true 和 false。

② Java 中的引用数据类型　包含数组类型、类、字符串、接口类型、枚举类型等。

（2）标识符　Java 程序中的类、属性、方法、对象、变量等元素都应有自己的名称，各元素的名称通称为标识符。

Java 标识符命名规则：由字母、数字、"_"和"$"组成；开头字符必须是字母、下画线或$，除了"_"和"$"符号以外，不能包含任何其他特殊字符，对大小写敏感。标识符定义采用三原则：见名知义、规范大小写、不可用 Java 关键字。

（3）关键字　是 Java 语言里事先定义具有特别意义的标示符。对于关键字，用户只能按照系统规定的方式使用，不能自行定义。

数据类型相关的关键字：boolean、int、long、short、byte、float、double、char、class 和 interface。

流程控制相关的关键字：if、else、do、while、for、switch、case、default、break、continue、return、try、catch 和 finally。

修饰符相关的关键字：public、protected、private、final、void、static、strictfp、abstract、transient、synchronized、volatile 和 native。

动作相关的关键字：package、import、throw、throws、extends、implements、this、super、instanceof 和 new。

其他关键字：true、false、null、goto 和 const。

需注意，关键字一律用小写字母表示。

（4）变量　变量是 Java 程序中的存储单元，变量存储的内容在程序的执行过程中可以发生变化，故此称之为变量。其使用过程是根据数据的类型在内存中分配一块空间，将数据放入已分配好的空间进行存储。数据存储至内容空间，可以通过内存地址找到存储空间的位置，但内存地址的名称非常不好记，给这个空间起一个别名，这就是变量命名的意义。

① 变量的声明与赋值

　　a. 数据类型　变量名；　如：int i; i=0;
　　b. 数据类型　变量名=值；如：int i=0;
　　c. 数据类型　变量名，变量名；如：int i,j;
　　d. 数据类型　变量名，变量名=值；如：int i,j=0;

② 变量的命名规则　变量名必须以字母、下划线"_"或"$"符号开头，可以包含数字但不能用数字开头，除了"_"或"$"符号以外，变量名不能包含任何特殊字符，不能使用关键字命名，Java 语言在变量命名上严格区分大小写。变量的命名要简短且能清楚地表达变量的作用，通常第一个单词的首字母小写，其后单词的首字母大写。

③ 变量的作用域　作用域是指可以访问和使用变量的区域。作用域主要分为类范围、函数范围、块范围。作用域还决定了系统分配和释放该变量所占用的内存资源。一般来说，变量的作用域是其被定义的代码块范围，以大括号为标识，外层作用域对内层作用域是可用的。

如：

```
public static void main(String[] args) {
    int i=0;
    if(i>=0){
        int j=1;
        j=i+j;
        System.out.println(i);
```

```
            System.out.println(j);
        }
        System.out.println(i);
        System.out.println(j);
```
    }

控制台输出结果如图 2-3 所示。

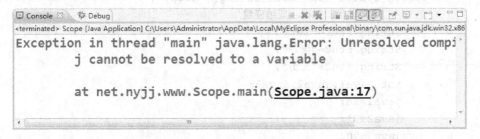

图 2-3 "控制台"报错信息

控制台报出不能解析 j 变量的错误。

（5）常量　常量是一种特殊的变量，在程序执行过程中值不发生变化的数据，常量在程序编译过程中只能被赋值一次，不能被更改。常量的声明使用 final 关键字，习惯上常量名都为大写英文字符。

如：final char SEX='男';

```
public static void main(String[] args) {
    final char SEX='男';
    SEX='女';
    System.out.println(SEX);
}
```

程序编写时就会报错，提示不能重复赋值。

（6）转义字符　转义字符用于将普通字符转义为特殊用途，比如："回车键""制表符"等；也用于将特殊意义的字符转义为普通字符，比如：" ' " "\"。转义字符的用法是在字符前加反斜杠 "\"。见表 2-1。

表 2-1　Java 常用转义字符

序号	转义字符	含义	序号	转义字符	含义
1	\n	回车	5	\'	单引号
2	\t	水平制表位	6	\"	双引号
3	\r	换行	7	\\	反斜杠
4	\f	换页			

◆ 编码实施

利用 MyEclipse 开发 Java 代码，使用变量存储学员姓名、成绩。

（1）代码如下：

```
package net.nyjj.www;
```

```java
public class Score {
    /**
     * Score.java
     * 使用变量存储学员成绩
     * 2016-2-2
     */
    public static void main(String[] args) {
        // 定义学员、课程、成绩变量
        String stu1="张三";
        String stu2="李四";
        String stu3="王五";
        int java1,java2,java3;
        java1=86;
        java2=91;
        java3=90;
        double mc1,mc2,mc3;
        mc1=80.5;
        mc2=67.5;
        mc3=79.5;
        int sql1,sql2,sql3;
        sql1=80;
        sql2=82;
        sql3=86;
        //在控制台输出变量存储内容
        System.out.println("学员\t"+"Java\t"+"数学\t"+"数据库\t");
        System.out.println("张三\t"+java1+"\t"+mc1+"\t"+sql1+"\t");
        System.out.println("李四\t"+java2+"\t"+mc2+"\t"+sql2+"\t");
        System.out.println("王五\t"+java3+"\t"+mc3+"\t"+sql3+"\t");
    }
}
```

（2）控制台输出如图 2-4 示例。

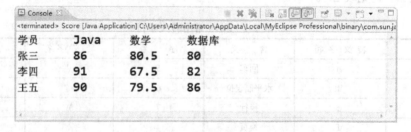

图 2-4 "控制台"输出效果

✧ **调试运行**

程序代码进行如下修改，再声明三个变量并赋值，观察代码编辑窗口的报错信息，分析问题出现的原因，代码如下所示：

```java
package net.nyjj.www;
public class Score {
    /**
     * Score.java
     * 使用变量存储学员成绩
     * 2016-2-2
     */
    public static void main(String[] args) {
        // 定义学员、课程、成绩变量
        String stu1="张三";
        String stu2="李四";
        String stu3="王五";
        int java1,java2,java3;
        java1=86;
        java2=91;
        java3=90;
        double mc1,mc2,mc3;
        mc1=80.5;
        mc2=67.5;
        mc3=79.5;
        int sql1,sql2,sql3;
        sql1=80;
        sql2=82;
        sql3=86;
        String title;
        double &day=365;
        String name="小白";
        String name="小黑";
        //在控制台输出变量存储内容
        System.out.println("学员\t"+"Java\t"+"数学\t"+"数据库\t");
        System.out.println("张三\t"+java1+"\t"+mc1+"\t"+sql1+"\t");
        System.out.println("李四\t"+java2+"\t"+mc2+"\t"+sql2+"\t");
        System.out.println("王五\t"+java3+"\t"+mc3+"\t"+sql3+"\t");
        System.out.println(title);
        System.out.println(&day);
        System.out.println(name);
    }
}
```

会出现如图 2-5 所示的编译错误提示。

通过以上代码，可以发现声明变量如果不赋值是不能直接使用，变量的声明应遵循变量命名规则，变量命名在同一结构体中不能重复。

◆ **维护升级**

修改代码，如下所示再次观察控制台运行结果。

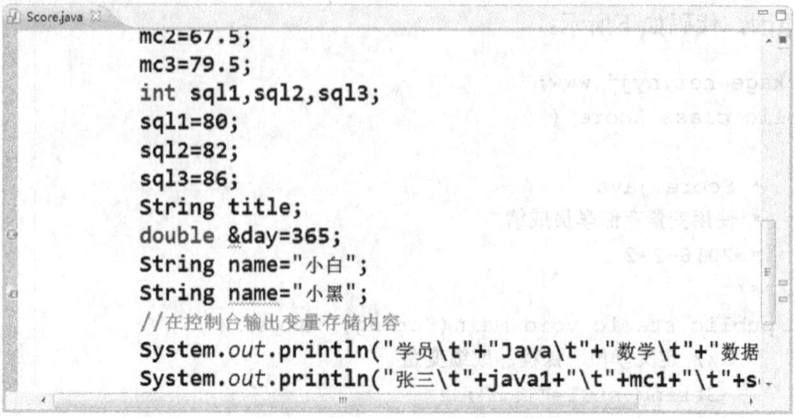

```
    mc2=67.5;
    mc3=79.5;
    int sql1,sql2,sql3;
    sql1=80;
    sql2=82;
    sql3=86;
    String title;
    double &day=365;
    String name="小白";
    String name="小黑";
    //在控制台输出变量存储内容
    System.out.println("学员\t"+"Java\t"+"数学\t"+"数据
    System.out.println("张三\t"+java1+"\t"+mc1+"\t"+s
```

图 2-5 "编辑区"报错效果

```java
package net.nyjj.www;
public class Score {
    /**
     * Score.java
     * 使用变量存储学员成绩
     * 2016-2-2
     */
    public static void main(String[] args) {
        // 定义学员、课程、成绩变量
        String stu1="张三";
        String stu2="李四";
        String stu3="王五";
        int java1,java2,java3;
        java1=86;
        java2=91;
        java3=90;
        double mc1,mc2,mc3;
        mc1=80.5;
        mc2=67.5;
        mc3=79.5;
        int sql1,sql2,sql3;
        sql1=80;
        sql2=82;
        sql3=86;
        String title="程序结束!";
        double $day=365;
        String name_1="小白";
        String name_2="小黑";
        //在控制台输出变量存储内容
        System.out.println("学员\t"+"Java\t"+"数学\t"+"数据库\t");
        System.out.println("张三\t"+java1+"\t"+mc1+"\t"+sql1+"\t");
        System.out.println("李四\t"+java2+"\t"+mc2+"\t"+sql2+"\t");
        System.out.println("王五\t"+java3+"\t"+mc3+"\t"+sql3+"\t");
```

```
            System.out.println($day);
            System.out.println(name_1);
            System.out.println(name_2);
            System.out.println(title);
    }
}
```

程序运行效果如图 2-6 所示。

图 2-6 "控制台"输出效果

分析结果，变量的命名及使用一定要规范，符合命名规则，同时应做到"望其名知其意"。

项目实训与练习

一、操作题

1. 简述 Java 中变量的命名规则。
2. 用程序实现两个整型变量的互换。
3. 使用变量存储并输出个人信息。
4. 按控制台样式，用变量存储并输出如下内容。

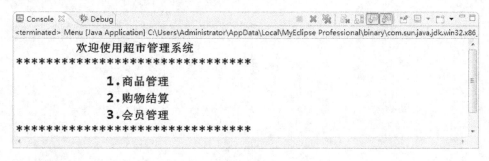

二、选择题

1. 下列不可作为变量命名的是（　　）。
   A．abc1　　　　　B．$1　　　　　C．_1　　　　　D．123
2. Java 语言中数据类型需要内层空间最少的是（　　）。
   A．int　　　　　B．short　　　　　C．double　　　　　D．boolean
3. 正确完成整型变量的声明和赋值的是（　　）。
   A．int sum，sum=1;　　　　　　　　B．int sum=0;

C. sum=0; D. int sum;
4. 关于标识符的命名规则，说法错误的是（   ）。
   A. 标识符可以由空格组成 B. java 中的关键字不能作为标识符
   C. 标识符中可以包含！和_ D. 首字符不能是数字
5. 布尔类型数据有两个值（   ）。
   A. 1 和 0 B. true 和 0 C. false 和 1 D. true 和 false
6. 下面（   ）是 Java 关键字。
   A. Java B. sum C. avg D. public
7. 下面哪种（   ）说法是正确的。
   A. 类里只能定义变量
   B. 类一定要声明 public，才可以执行
   C. 类一定要声明 main 方法，才可以执行
   D. 一个 java 文件中可以有多个 class 定义
8. 为一个 boolean 类型变量赋值时，可以使用（   ）方式。
   A. boolean a=1 B. boolean a=（9>=10）
   C. boolean a="真" D. boolean a==false
9. 以下（   ）是合法的标识符。
   A. double B. 3x C. sum D. de2$a
10. 以下（   ）不属于 Java 语言的基本数据类型。
    A. 整型 B. 数组 C. 浮点型 D. 字符串型

学员成绩的 Java 操作

项目目标

本章的主要内容是介绍 Java 语言的运算符、表达式及在程序中的应用，介绍数据混合运算时不同类型的数据转换。详细介绍 Java 语言中运算符与表达式，重点对各种运算符的应用进行了较全面的介绍。通过本章的学习，了解 Java 语言的不同数据类型的数据通过各种运算符形成多种表达式的表示形式；初步理解各种运算符在表达式中的优先级别；掌握各种数据类型在运算符连接下形成的表达式的应用方法；初步理解一些简单的顺序结构程序设计。

项目内容

在 Java 语言中实现 46 天对三位学员进行 Java、数学、数据库基础知识三门课程的培训，根据他们获得的成绩高低从三位学员中筛选合格入职者（Java 和数据库成绩都高于 85 分同时数学成绩不低于 75 分或 Java 成绩高于 90 分且数据库成绩和数学成绩都高于 70 分或三科平均成绩不低于 85 分），累计合格人数及计算学员经历的培训周数和剩余天数。

Java 语言程序通过运算符和表达式来处理不同类型数据。如何编制出最简单的 Java 语言程序和如何在程序中处理表达式，是学好 Java 语言的关键。通过本项目的学习，可以学会使用各种数据类型和运算符进行简单 Java 程序的设计并掌握各种运算符的使用方法。本项目需要通过将问题分解由以下任务来完成。

任务一 运 算 符

一、赋值运算符

需求分析

当学员 A、B、C 三个学员分别获得如表 3-1 所示的分数时，用 Java 语言来描述和显示学员分数的形式，如图 3-1 运行结果所示。

表 3-1 学员培训成绩表

学员	java	数学	数据库
学员 A	86	80	80
学员 B	91	67	82
学员 C	90	79	86

1. 需求描述

根据以上培训成绩表信息，实现学员分数在 java 语言中指定为变量的表示形式；实现学员单科成绩输出。

2. 运行结果（见图 3-1）

```
Problems  Tasks  Web Browser  Console  Servers
<terminated> Exa [Java Application] E:\Program Files\MyEclipse 5.5.1 GA\jre\bin\javaw.exe (2015-1-)
java    数学    数据库
86      80      80
91      67      82
90      79      86
```

图 3-1 学员成绩显示

✧ 知识准备

1. 技能解析

运算符的使用，变量的赋值操作方式。

本任务中，声明 A 学员三科成绩、并使用赋值运算符进行初始化的代码如下：

```
int javaA=86,mathA=80,SQLA=80;
```

三个学员成绩同时指定的代码如下：

```
int javaA=86,mathA=80,SQLA=80,javaB=91,mathB=67,SQLB=82,
    javaC=90,mathC=79,SQLC=javaA;   //声明的时候不允许连续赋值
```

当然，以上代码可以分成三个学员分别声明并赋值的形式：

```
int javaA=86,mathA=80,SQLA=80;
int javaB=91,mathB=67,SQLB=82;
int javaC=90,mathC=79,SQLC=javaA;
```

或者，先声明几个变量，统一赋值。

```
int javaA,mathA,SQLA,javaB, mathB ,SQLB,javaC,mathC,SQLC;
    javaA=86; mathA=80; SQLA=80; javaB=91; mathB=67; SQLB=82; javaC=90;
mathC=79; SQLC=javaA;
```

2. 知识解析

（1）赋值运算符是为变量或常量指定数值的符号，赋值运算符是符号 "="，是对两个操作运算数进行处理的二元运算符号（一般操作数的个数确定运算符号的元数），在 java 中并不是"等于"的意思。其语法格式是：

变量类型 变量名 = 待指定给变量名的数值；

赋值运算符的运算规则是：将右侧出现的数值、变量或运算式的结果赋给左边的变量。

使用赋值运算符为变量指定某个具体数值的代码如下：

```
int a=5, b=a;
int c= a+b+5;//算数运算符 + -
```

以上代码执行完，a 和 b 的值没有发生变化，而 c 值被经过赋值操作而改变。

（2）只有经过赋值的 java 变量才能进行正常使用。未赋值的变量进行输出处理会出现如图 3-2 所示的编译错误提示：

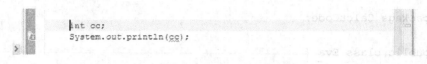

图 3-2　未经赋值变量编译错误显示

（3）当赋值相同时，java 允许赋值运算符连在一起使用，简洁语句，优化代码。

```
int a,b;
a=b=5;
```

（4）在 java 中允许赋值变量自身运算再赋值给该变量，示例代码如下：

```
int c=9;
c=c+11;
```

以上代码实现的意义是，将原有 c 值取出，经过累加 11 后又重新赋值到 c 变量中。

◆ 编码实施

1. 创建 Eva 类，在主方法中定义学员 A 的 java 成绩，用赋值语句指定具体分数，并显示输出在控制台。

（1）代码如下：

```
package CalcuCode;

public class Eva {
    /**
     * @param args
     */
    public static void main(String[] args) {
        int javaA=86;
        System.out.println(javaA);
    }
}
```

（2）控制台输出如图 3-3 示例。

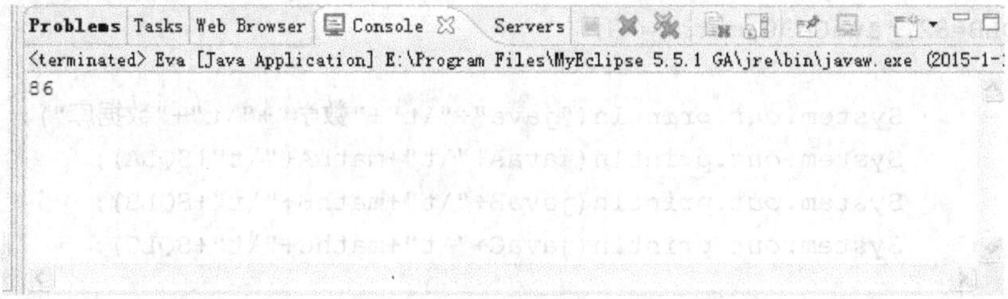

图 3-3　经赋值变量输出显示

2. 对代码进行多变量赋值,实现学员 A 三科成绩同行输出,通过转义字符"\t"实现空格格式。

(1) 代码如下:

```java
package CalcuCode;

public class Eva {
    /**
     * @param args
     */
    public static void main(String[] args) {
        int javaA=86,mathA=80,SQLA=80;
        System.out.println(javaA+"\t"+mathA+"\t"+SQLA);
    }
}
```

(2) 控制台输出如图 3-4 示例。

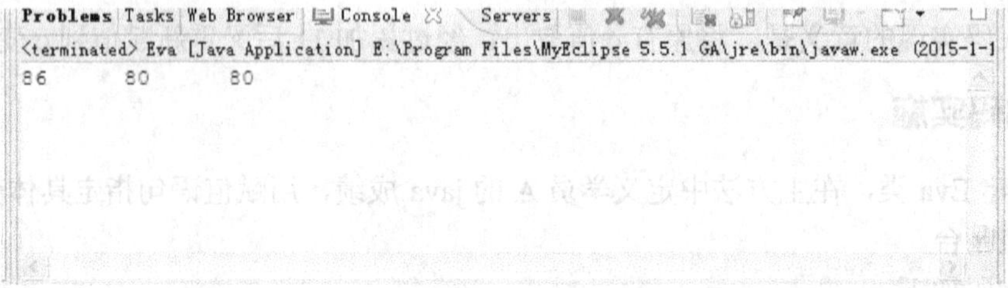

图 3-4 多变量赋值输出显示

3. 对代码进行多变量声明,实现三个学员各自成绩分行输出,并适当修改格式加入分数标题。

(1) 代码如下:

```java
package CalcuCode;

public class Eva {
    /**
     * @param args
     */
    public static void main(String[] args) {
        int javaA=86,mathA=80,SQLA=80,SQLC=javaA=86,javaB=91,mathB=67,SQLB=82,javaC=90,mathC=79;

        System.out.println("java"+"\t"+"数学"+"\t"+"数据库");
        System.out.println(javaA+"\t"+mathA+"\t"+SQLA);
        System.out.println(javaB+"\t"+mathB+"\t"+SQLB);
        System.out.println(javaC+"\t"+mathC+"\t"+SQLC);
    }
}
```

(2) 控制台输出如图 3-1 所示。

✧ 调试运行

1. 程序代码进行如下修改,即在声明中,连续声明两个变量并用赋值连接,代码如下所示:

```java
package CalcuCode;

public class Eva {
    /**
     * @param args
     */
    public static void main(String[] args) {
        int javaA=86,mathA=SQLA=80;
        System.out.println(javaA+"\t"+mathA+"\t"+SQLA);
    }
}
```

会出现如图 3-5 所示的编译错误提示。

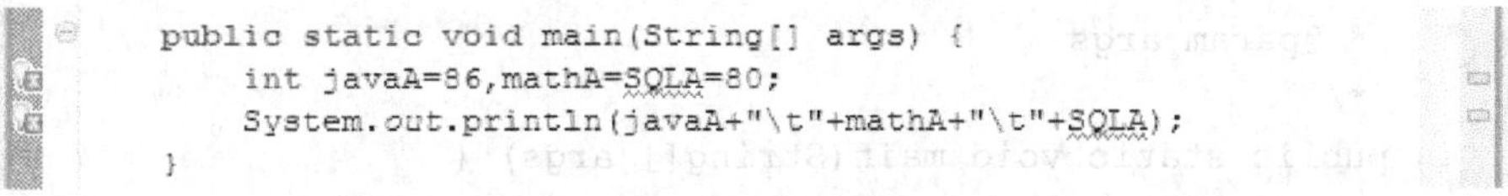

```
public static void main(String[] args) {
    int javaA=86,mathA=SQLA=80;
    System.out.println(javaA+"\t"+mathA+"\t"+SQLA);
}
```

图 3-5 连续声明两个变量并用赋值连接编译错误

通过以上代码,不难发现,声明过程中不能连续声明并赋予值。但是代码进行如下修改是允许的:

```java
package CalcuCode;

public class Eva {
    /**
     * @param args
     */
    public static void main(String[] args) {
        int javaA=86,mathA=80,SQLA=mathA;
        System.out.println(javaA+"\t"+mathA+"\t"+SQLA);
    }
}
```

也就是说,变量在初始化后,可以被作为已知的值被赋予其他新声明的变量,而不会出现编译语法错误。

2. 程序代码进行如下修改,即在声明时,忘记给 SQLA 变量初始化,后续程序执行过程中也没有对变量进行赋值操作,代码如图 3-6 所示。

正确处理方法是,将未赋值的变量进行初始化或赋值,经过这个实践练习得出结论,变量在未进行赋值时使用是无法通过编译检查的。

```
J Exa.java    J *Eva.java X
    package CalcuCode;

    public class Eva {
        /**
         * @param args
         */
        public static void main(String[] args) {
            int javaA=86,mathA=80,SQLA;
            System.out.println(javaA+"\t"+mathA+"\t"+SQLA);
        }
    }
```

图 3-6　未赋值编译错误

◇ 维护升级

声明两个变量，对两个变量分别赋值并显示输出。

创建类 ArithM，主方法中赋值过程中，由","代替";"程序代码如下：

```
package CalcuCode;

public class ArithM {
    /**
     * @param args
     */
    public static void main(String[] args) {
        // TODO Auto-generated method stub
        int a,b;
        a=10,b=2;
        System.out.println(a+"\t"+b);
    }
}
```

程序出现图 3-7 所示错误提示：

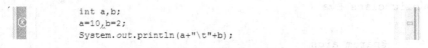

图 3-7　符号输错产生编译错误

通过以上程序发现，即便是赋值语句也按照每条语句一行的习惯编写代码，有利于排除错误，及时发现问题，代码更清晰、规范，这对大型程序规范化编码习惯的养成，有很好的奠基作用。

二、算术运算符

◇ 需求分析

当学员 A、B、C 三个学员分别获得如表 3-1 所示的分数时，用 java 语言来描述和显示学员平均分数的形式，如图 3-8 运行结果所示。

1. 需求描述

根据表 3-1 所示学员培训成绩表信息，在 java 语言中实现学员平均分数的计算：分别求取学员的三科总成绩、计算平均成绩；实现学员平均成绩输出，将培训天数46转换为周数及零余天数。

2. 运行结果（见图3-8）

```
Problems  Tasks  Web Browser  Console ⊠  Servers
<terminated> ArithMOD [Java Application] E:\Program Files\MyEclipse 5.5.1 GA\jre\bin\javaw.exe (2015
学员A的平均成绩：82
学员B的平均成绩：80
学员C的平均成绩：85
培训46天，也就是培训经历了6周零4天
```

图3-8 三位学员的平均成绩及天周转换

◇ 知识准备

1. 技能解析

运算符的使用，算术运算符在程序中的使用。

（1）依据任务需求，声明A学员三科成绩、计算总成绩的代码如下：

```
int javaA=86,mathA=80,SQLA=80,sumA= javaA+mathA+SQLA;
```

学员A三科成绩的平均成绩计算代码如下：

```
int avaA=sumA/3;
```

（2）三个学员各自总成绩实现的代码如下：

```
int javaA=86,mathA=80,SQLA=80,javaB=91,mathB=67,SQLB=82,
javaC=90,mathC=79,SQLC=java,sumA=0,sumB=0,sumC=0;
sumA=javaA+mathA+SQLA;
sumB=javaB+mathB+SQLB;
sumC=javaC+mathC+SQLC;
```

三个学员各自平均成绩计算：

```
int avaA=sumA/3;
int avaB=sumB/3;
int avaC=sumC/3;
```

（3）或者，不借助中间变量sumA，直接通过求得的和被3除得到平均值。

```
int javaA,mathA,SQLA,javaB, mathB ,SQLB,javaC,mathC,SQLC;
javaA=86; mathA=80; SQLA=80; javaB=91; mathB=67; SQLB=82; javaC=90;
mathC=79; SQLC=javaA;
int avaA=(javaA+mathA+SQLA)/3;
int avaB=(javaB+mathB+SQLB)/3;
int avaC=(javaC+mathC+SQLC)/3;
```

2. 知识解析

（1）算术运算符是为变量或常量实现数学运算而使用的符号，算术运算符包括5种数学运算符号，分别是加号"+"、减号"−"、乘号"*"、除号"/"、求余号"%"，也是二元运算符。java 中算术运算符的使用方式及功能说明如表 3-2 所示。

表 3-2 算术运算符

运算符	示例	结果	描述
+	5.5+7	12.5	加法或正值
-	15-10.36	4.64	减法或负值
*	3*2.8	8.4	乘法
/	16/8	2	除法
%	1%2	2	取模（取余数）

（2）两个整数相除时，运算结果中的小数部分将被舍去，只有整数部分被保留下来。例如：对于完全两个整数参与的运算，8/5 的结果为 1；而对于有一个运算数为实数参与的运算，8/5.0 的结果是 1.6。实现代码如下：

```
package CalcuCode;

public class ArithMOD {
    /**
     * @param args
     */
    public static void main(String[] args) {
        // TODO Auto-generated method stub
        int a,b;
        a=8;b=5;
        System.out.println(a/b);
        double c=5.0;
        System.out.println(a/c);
    }
}
```

程序运行结果如图 3-9 所示。

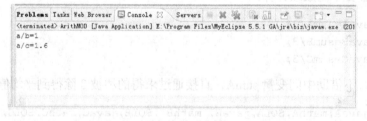

图 3-9 除法运算的不同类型结果

另外，除法运算中，被除数不能是 0，如果赋值为 0，则 java 会产生异常。如上例中 c=0.0；请测试一下程序的运行结果。

（3）求余运算又叫取模运算，运算的两数不一定均为整数，当两运算数均为整数时，运算结果为一个整型数，是整除运算的余数；当两运算数有一个为浮点型数时，运行结果为一个浮点型数，也是除法运算的余数。代码如下：

```
package CalcuCode;
```

```
public class ArithMOD {
    /**
     * @param args
     */
    public static void main(String[] args) {
        // TODO Auto-generated method stub
        int a,b;
        a=8;b=5;
        System.out.println("a/b="+a/b);
        double c=5.0;
        System.out.println("a%c="+a%c);
    }
}
```

程序运行结果如图 3-10 所示。

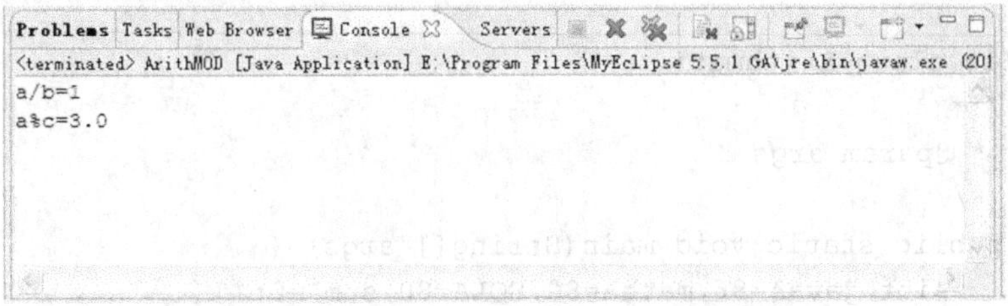

图 3-10　取模运算的结果

（4）依据题目需求，将 46 天转换为周数及零余天数的测试代码如下：

```
package CalcuCode;

public class DayToWeek {
    /**
     * @param args
     */
    public static void main(String[] args) {
        // TODO Auto-generated method stub
        int day=46,week=0,days=0;
        week=day/7;
        days=day%7;
        System.out.println("培训 46 天,也就是培训经历了"+week+"周零"+days+"天");
    }
}
```

运行结果如图 3-11 所示。

（5）其他两个运算符的运算规律与示例中的使用方式相类似，如"-"，可以实现 int a=5-3;则 a 获得 2 的减法运算结果。int b=a*3;a=3;则 b 得到 9 的运算结果。具体代码请自行程序中调试。

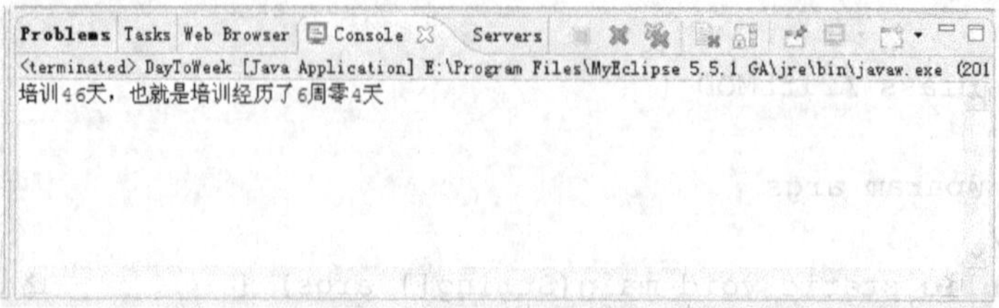

图 3-11 天数与周数的转换

❖ **编码实施**

1. 创建 Arithmat 类，在主方法中定义学员 A 的三科成绩和总成绩及平均成绩变量，初始化其分数值，利用算数运算符，将结果显示在控制台。

（1）代码如下：

```java
package CalcuCode;

public class Arithmat{
    /**
     * @param args
     */
    public static void main(String[] args) {
        int javaA=86,mathA=80,SQLA=80,sumA=0;
        sumA=javaA+mathA+SQLA;
        int avaA=sumA/3;
        System.out.println("学员A的平均成绩："+avaA);
    }
}
```

（2）控制台输出如图 3-12 所示结果。

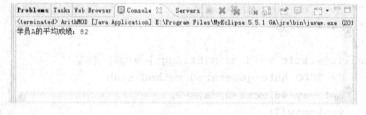

图 3-12 计算并输出学员平均成绩

2. 增加两位学员的成绩变量，实现三位学员三科总成绩计算，用同样方法分别求出另两位学员的平均成绩，显示结果于控制台。

（1）代码如下：

```java
package CalcuCode;

public class Arithmat {
    /**
     * @param args
```

```java
        */
        public static void main(String[] args) {
            int javaA=86,mathA=80,SQLA=80,javaB=91,
            mathB=67,SQLB=82,javaC=90,mathC=79,
            SQLC=javaA,sumA=0,sumB=0,sumC=0;
            sumA=javaA+mathA+SQLA;
            sumB=javaB+mathB+SQLB;
            sumC=javaC+mathC+SQLC;
            int avaA=sumA/3;
            int avaB=sumB/3;
            int avaC=sumC/3;
            System.out.println("学员 A 的平均成绩："+avaA);
            System.out.println("学员 B 的平均成绩："+avaB);
            System.out.println("学员 C 的平均成绩："+avaC);
        }
    }
```

（2）控制台输出如图 3-8 所示的运行结果。

3．在对 A 学员计算平均成绩时，可以不用中间变量的定义，直接求和并除 3 运算。

（1）代码如下：

```java
package CalcuCode;

public class Arithmat {
    /**
     * @param args
     */
    public static void main(String[] args) {
        int javaA=86,mathA=80,SQLA=80;
        int avaA= (javaA+ mathA+ SQLA)/3;
        System.out.println("学员 A 的平均成绩："+avaA);
    }
}
```

（2）控制台输出如图 3-13 所示。

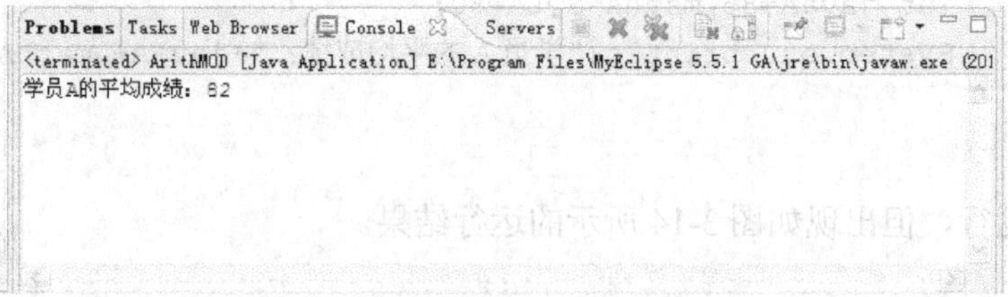

图 3-13　省略中间变量定义的平均成绩

4．将培训天数 46 天的转换周数需求输出至控制台。
（1）代码如下：

```java
package CalcuCode;
```

```java
public class ArithMOD {
    /**
     * @param args
     */
    public static void main(String[] args) {
        // TODO Auto-generated method stub
        int javaA=86,mathA=80,SQLA=80,javaB=91,
        mathB=67,SQLB=82,javaC=90,mathC=79,
        SQLC=javaA,sumA=0,sumB=0,sumC=0;
        System.out.println("学员 A 的平均成绩："+(javaA+ mathA+ SQLA)/3);
        System.out.println("学员 B 的平均成绩："+(javaB+ mathB+ SQLB)/3);
        System.out.println("学员 C 的平均成绩："+(javaC+ mathC+ SQLC)/3);
        int day=46,week=0,days=0;
        week=day/7;
        days=day%7;
        System.out.println("培训 46 天，也就是培训经历了"+week+"周零"+days+"天");
    }
}
```

（2）控制台输出如图 3-8 所示。

5．使用同样方法对三位学员计算平均成绩时，都可以不用中间变量的定义，直接求和并除 3 运算。代码请试一试自己调试。

◆ **调试运行**

为了使程序能够节省变量定义，不加入中间变量，代码如下所示：

```java
package CalcuCode;

public class Arithmat {
    /**
     * @param args
     */
    public static void main(String[] args) {
        int javaA=86,mathA=SQLA=80;
        System.out.println("学员 A 的平均成绩："+javaA+ mathA+ SQLA/3);
    }
}
```

程序正常运行，但出现如图 3-14 所示的运行结果。

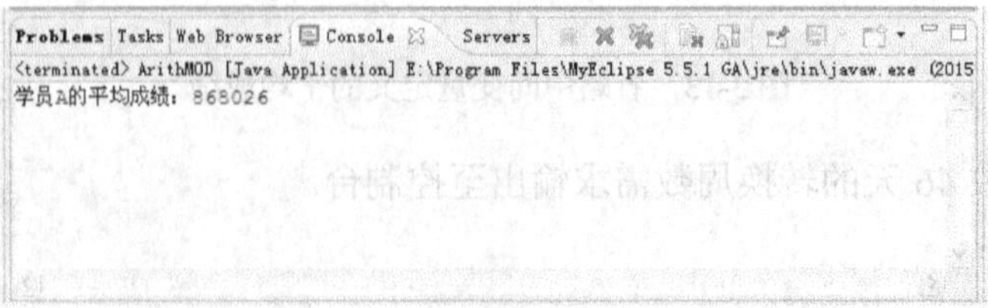

图 3-14 省略括号的算术运算产生异常输出

以上代码的运行结果,不是我们预期,出现的原因是在 System 语句中将 javaA 和 mathA 的分数及 SQLA/3 的结果以字符串式的连接显示。为了避免以上错误输出,应该对 System 语句进行如下修改:

```
System.out.println("学员 A 的平均成绩"+(javaA+mathA+SQLA)/3);
```

也就是说,算数运算的顺序是先*、/,然后才能进行+、-运算,当我们不能确定运算符的优先级的时候,我们可以借助符号"()"可以把先进行运算的数据括在一体进行运算处理,之后再进行括号外操作。

◆ 维护升级

对于类似以上的需求,当累加变量不是很多的情况下,完全可以不借助中间变量而对代码直接求平均值运算,这样既可以节省代码量,又可以省去变量空间的占用,也回避了许多可能因变量定义而产生的异常问题的出现。只是需要编码人员在一定熟练的经验基础上,避免出现上面提到的逻辑错误。优化代码如下:

```
package CalcuCode;

public class Arithmat {
    /**
     * @param args
     */
    public static void main(String[] args) {
        int javaA=86,mathA=80,SQLA=80,javaB=91,
        mathB=67,SQLB=82,javaC=90,mathC=79,
        SQLC=javaA;
        
        System.out.println("学员 A 的平均成绩: "+ (javaA+ mathA+ SQLA)/3);
        System.out.println("学员 B 的平均成绩: " (javaB+ mathB+ SQLB)/3);
        System.out.println("学员 C 的平均成绩: "+ (javaC+ mathC+ SQLC)/3);
    int day=46,week=0,days=0;
        week=day/7;
        days=day%7;
        System.out.println("培训 46 天,也就是培训经历了"+week+"周零"+days+"天");
    }
}
```

根据以上成绩输出结果及判定入选学生的条件可以得出结论,学员 C 是可以入选合格行列的。

三、关系运算符

◆ 需求分析

当 A、B、C 三个学员分别获得如表 3-1 所示的分数时,根据他们获得的成绩高低从三位学员中筛选合格入职者,对判定条件的描述,使用关系运算符来实现,如图 3-15 运行结果所示。

1. 需求描述

根据表 3-1 所示学员培训成绩表信息，在 java 语言中实现三方面的条件判定的描述：①判定 java 和数据库成绩是否高于 85 分，数学成绩不低于 75 分；②java 成绩高于 90 分同时数据库及数学成绩都高于 85 分；③学员平均分数不低于 85 分；满足任意一个条件者都能合格入选。把以上条件用 java 语言来描述和显示出来。这里我们只能通过显示结果人为地判定是否满足条件。

2. 运行结果（见图 3-15）

图 3-15 三位学员的成绩判定

◆ 知识准备

1. 技能解析

运算符的使用，关系运算符在程序中的使用。其中涉及关系运算符的临界状态的准确使用，如不低于表示的是高于或者等于而不仅是高于的意思。如果不注意临界值的测量，可能会导致程序逻辑功能不全，出现程序逻辑错误。

（1）需求中，学员的平均成绩已经由算数运算符实现。对学员 A 的"java 和数据库成绩是否高于 85 分，数学成绩不低于 75 分"的成绩判定表示如下：

```
int javaA=86,mathA=80,SQLA=80;
javaA>85, SQLA>85 ,mathA>=75
```

学员 A 三科成绩的判定输出代码如下：

```
System.out.println("学员 A 的 java 成绩高于 85 分是真的? "+(javaA>85));
System.out.println("学员 A 的数据库成绩高于 85 分是真的? "+(SQLA>85) );
System.out.println("学员 A 的数学成绩不低于 75 分是真的? "+(mathA>=75));
```

用同样的方法，对学员 A 的"java 成绩高于 90 分且数据库成绩和数学成绩都高于 70 分"的成绩判定表示如下：

```
javaA>90, SQLA>70 ,mathA>=70
```

学员 A 三科成绩的判定输出代码如下：

```
System.out.println("学员 A 的 java 成绩高于 90 分是真的？ "+(javaA>90));
System.out.println("学员 A 的数据库成绩高于 70 分是真的？ "+(SQLA>70));
System.out.println("学员 A 的数学成绩高于 70 分是真的？ "+(mathA>70));
```

同时，学员 A 的平均成绩 avaA=82，对学员 A 的"三科平均成绩不低于 85 分"的判定代码如下：

```
System.out.println("学员 A 的三科平均成绩不低于 85 分是真的？ "+(avaA>=85));
```

（2）用同样的方式，为另外两个学员各自的成绩实现判定的代码如下：

```
int javaA=86,mathA=80,SQLA=80,javaB=91,mathB=67,SQLB=82,javaC=90,
mathC=79,SQLC=javaA;
```

学员 B 三科成绩"java 和数据库成绩是否高于 85 分，数学成绩不低于 75 分"是否满足的判定输出代码如下：

```
System.out.println("学员 B 的 java 成绩高于 85 分是真的？ "+(javaB>85));
System.out.println("学员 B 的数据库成绩高于 85 分是真的？ "+(SQLB>85) );
System.out.println("学员 B 的数学成绩不低于 75 分是真的？ "+(mathB>=75));
```

学员 B 三科成绩"java 成绩高于 90 分且数据库成绩和数学成绩都高于 70 分"是否满足的判定输出代码如下：

```
System.out.println("学员 B 的 java 成绩高于 90 分是真的？ "+(javaB>90));
System.out.println("学员 B 的数据库成绩高于 70 分是真的？ "+(SQLB>70));
System.out.println("学员 B 的数学成绩高于 70 分是真的？ "+(mathB>70));
```

学员 C 三科成绩"java 和数据库成绩是否高于 85 分，数学成绩不低于 75 分"是否满足的判定输出代码如下：

```
System.out.println("学员 C 的 java 成绩高于 85 分是真的？ "+(javaC>85));
System.out.println("学员 C 的数据库成绩高于 85 分是真的？ "+(SQLC>85) );
System.out.println("学员 C 的数学成绩不低于 75 分是真的？ "+(mathC>=75));
```

学员 C 三科成绩"java 成绩高于 90 分且数据库成绩和数学成绩都高于 70 分"是否满足的判定输出代码如下：

```
System.out.println("学员 C 的 java 成绩高于 90 分是真的？ "+(javaC>90));
System.out.println("学员 C 的数据库成绩高于 70 分是真的？ "+(SQLC>70));
System.out.println("学员 C 的数学成绩高于 70 分是真的？ "+(mathC>70));
```

2．知识解析

（1）关系运算符是有两个操作数参与运算的二元运算符号，实现与变量、常量或其他数值进行关系大小比较的功能，从程序的运行的结果可以看到，关系运算符运算后得到的结果是非"true"即"false"的 boolean 类型的值，当运算操作成立时，得到"true"，操作不成立时，得到"false"。关系运算符一般用于条件判定语句中，其功能、种类及使用方式如表 3-3 所示。

表 3-3 关系运算符

运算符	示例	结果	描述
>	'x'>'y'	false	大于
<	123<456	true	小于
>=	100>=10	true	大于等于（不小于）
<=	12.34<23.45	true	小于等于（不大于）
==	'a'=='a'	true	等于
!=	1!=5	true	不等于

（2）在java中关系运算符的等于不同于数学中的等于，即java中用"="表示赋值号，而用"=="表示等于关系，在程序比较大小过程中，注意正确使用关系运算符，否则会产生未预期的结果；而关系运算符中的不等于也有不同于数学中的符号，而是用"!="来表示。

```
package CalcuCode;

public class Equa {
    public static void main(String args[]){
        int a=8,b=5;
        System.out.println("a 大于 b 是真的? "+(a>b));
        System.out.println("a 小于 b 是真的? "+(a<b));
        System.out.println("a 大于等于 b 是真的? "+(a>=b));
        System.out.println("a 小于等于 b 是真的? "+(a<=b));
        System.out.println("a 等于 b 是真的? "+(a=b));
        System.out.println("a 不等于 b 是真的? "+(a!=b));
    }
}
```

程序运行结果如图 3-16 所示。

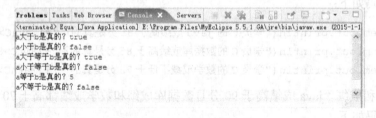

图 3-16 基本关系运算

从上面程序的运行结果看到，程序正常运行，但是在判定 a 与 b 是否相等的位置并没有出现我们预期的 boolean 类型的数值出现，而是一个数字，回到代码经过仔细排查，关系运算符的等于被误写为赋值号"="了，将程序修改，执行及结果都是正确的，修改后代码请自行调试。

（3）对某一个学生，其成绩 score 为 60，将学生的成绩以"及格"或"不及格"的形式显示出来，代码如下：

```
package CalcuCode;

public class Equa {
```

```
public static void main(String args[]){
    int score=60;

    System.out.println("学生的 score 为 60 分是及格吗? "+(score>60));
    }
}
```

程序运行结果如图 3-17 所示。

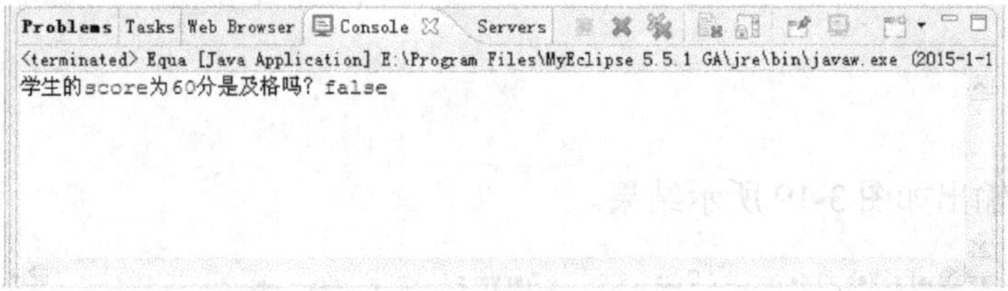

```
Problems Tasks Web Browser  Console  Servers
<terminated> Equa [Java Application] E:\Program Files\MyEclipse 5.5.1 GA\jre\bin\javaw.exe (2015-1-1
学生的score为60分是及格吗? false
```

图 3-17 学员成绩忽略边界值的判定输出

从上面的运行结果看出，在判定及格与否的时候，并没有考虑条件的边界值，即恰巧等于 60 分的特殊情况，因而出现了 60 分的人还是不及格的情况出现。在许多程序开发中都会遇到类似以上例子的情况，我们要根据实际的需要对边界值的取舍做出必要的关注，避免程序出现错误。

（4）关系运算符在使用时，是不可以连续书写来表达某一个范围的数值的。例如：5 小于 7 大于 3，在关系表达式中，是不允许像数学中一样连续书写的，如：3<5<7，程序中代码实现，会产生错误。如图 3-18 所示。

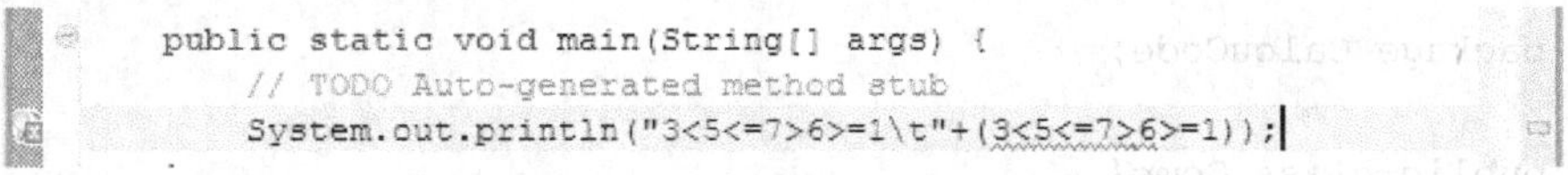

```
public static void main(String[] args) {
    // TODO Auto-generated method stub
    System.out.println("3<5<=7>6>=1\t"+(3<5<=7>6>=1));
}
```

图 3-18 段值的错误书写编译错

当有类似以上范围表示需求时，可以借助逻辑运算符来解决，逻辑运算符将由后续章节详细介绍。

（5）在六个关系运算符中，<、<=、>、>=的优先级相同，高于==和!=，==和!=的优先级相同。

◇ 编码实施

1. 创建 Comp 类，在主方法中对学员 A 的三科成绩进行条件一的判定，利用关系运算符，将结果显示在控制台。

（1）代码如下：

```
package CalcuCode;

public class Comp {
    /**
     * @param args
     */
```

```java
        public static void main(String[] args) {
            // TODO Auto-generated method stub
            int javaA=86,mathA=80,SQLA=80;
            //java 和数据库成绩是否高于 85 分,数学成绩不低于 75 分,判定第一个条件满足与否
            System.out.println("学员A的java成绩高于85分是真的? "+(javaA>85));
            System.out.println("学员A的数据库成绩高于85分是真的? "+(SQLA>85) );
            System.out.println("学员 A 的数学成绩不低于 75 分是真的? "+(mathA>=75));
        }
    }
```

（2）控制台输出如图 3-19 所示结果。

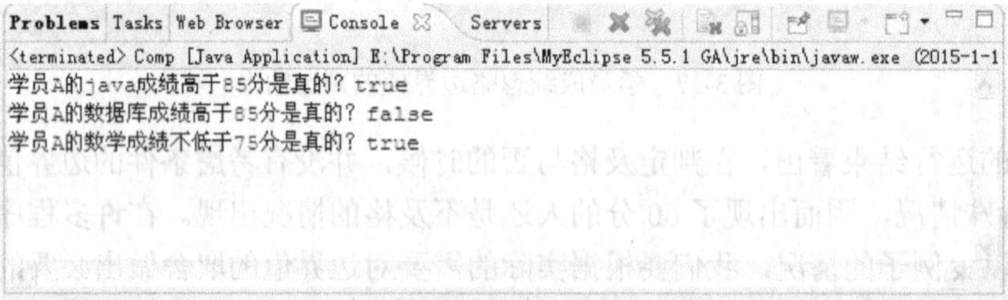

图 3-19 单个学员的平均成绩

2. 用同样方法分别对学员 A 成绩是否满足条件二和条件三进行判定,显示结果于控制台。
（1）代码如下：

```java
    package CalcuCode;

    public class Comp{
        /**
         * @param args
         */
        public static void main(String[] args) {
            // TODO Auto-generated method stub
            int javaA=86,mathA=80,SQLA=80;
            //java 和数据库成绩是否高于 85 分,数学成绩不低于 75 分,判定第一个条件满足与否
            System.out.print("学员A的java成绩高于85分是真的? "+(javaA>85));
            System.out.println("\t 学员 A 的数据库成绩高于 85 分是真的? "+(SQLA>85));
            System.out.println("学员 A 的数学成绩不低于 75 分是真的? "+(mathA>=75));
            //java 成绩高于 90 分且数据库成绩和数学成绩都高于 70 分
            System.out.print("学员A的java成绩高于90分是真的? "+(javaA>90));
            System.out.println("\t 学员 A 的数据库成绩高于 70 分是真的? "+(SQLA>70));
            System.out.println("学员 A 的 java 成绩高于 70 分是真的? "+(mathA>70));
```

```
            //三科平均成绩不低于85分
            int avaA=82;
            System.out.println("学员A的三科平均成绩不低于85分是真的？"+(avaA>=85));
        }
    }
```

(2) 控制台输出如图3-20的运行结果。

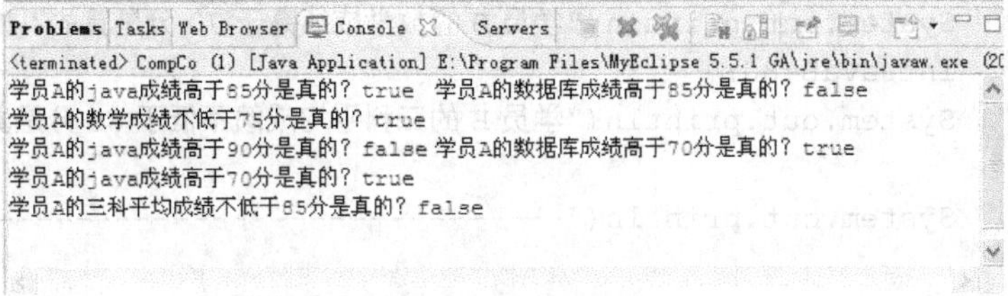

图3-20 单个学员成绩满足条件的判定

3. 增加学员B和学员C的成绩，将分别进行三个条件的判定。

(1) 代码如下：

```
package CalcuCode;

public class Comp {
    /**
     * @param args
     */
    public static void main(String[] args) {
        // TODO Auto-generated method stub
        int javaA=86,mathA=80,SQLA=80,javaB=91,mathB=67,SQLB=82,javaC=90,mathC=79,SQLC=javaA;
            //java和数据库成绩是否高于85分，数学成绩不低于75分
            System.out.print("学员A的java成绩高于85分是真的？"+(javaA>85));
            System.out.println("\t学员A的数据库成绩高于85分是真的？"+(SQLA>85));
            System.out.println("学员A的数学成绩不低于75分是真的？"+(mathA>=75));
            //java成绩高于90分且数据库成绩和数学成绩都高于70分
            System.out.print("学员A的java成绩高于90分是真的？"+(javaA>90));
            System.out.println("\t学员A的数据库成绩高于70分是真的？"+(SQLA>70));
            System.out.println("学员A的java成绩高于70分是真的？"+(mathA>70));
            int avaA=82;
            System.out.println("学员A的三科平均成绩不低于85分是真的？"+(avaA>=85));
            System.out.println("-------------------------------------");

            //学员B java和数据库成绩是否高于85分，数学成绩不低于75分
            System.out.print("学员B的java成绩高于85分是真的？"+(javaB>85));
```

```
            System.out.println("\t 学员 B 的数据库成绩高于 85 分是真的? "+(SQLB>
85));
            System.out.println("学员 B 的数学成绩不低于 75 分是真的? "+(mathB>=
75));
            //学员 B java 成绩高于 90 分且数据库成绩和数学成绩都高于 70 分
            System.out.print("学员 B 的 java 成绩高于 90 分是真的? "+(javaB>90));
            System.out.println("\t 学员 B 的数据库成绩高于 70 分是真的? "+(SQLB>
70));
            System.out.println("学员 B 的数学成绩高于 70 分是真的? "+(mathB>70));
            int avaB=80;
            System.out.println("学员 B 的三科平均成绩不低于 85 分是真的? "+(avaB>=
85));
            System.out.println("----------------------------------------");

            //学员 C java 和数据库成绩是否高于 85 分,数学成绩不低于 75 分
            System.out.print("学员 C 的 java 成绩高于 85 分是真的? "+(javaC>85));
            System.out.println("\t 学员 C 的数据库成绩高于 85 分是真的? "+(SQLC>
85));
            System.out.println("学员 C 的数学成绩不低于 75 分是真的? "+(mathC>=
75));
            //学员 C java 成绩高于 90 分且数据库成绩和数学成绩都高于 70 分
            System.out.print("学员 C 的 java 成绩高于 90 分是真的? "+(javaC>90));
            System.out.println("\t 学员 C 的数据库成绩高于 70 分是真的? "+(SQLC>
70));
            System.out.println("学员 C 的数学成绩高于 70 分是真的? "+(mathC>70));
            int avaC=82;
            System.out.println("学员 C 的三科平均成绩不低于 85 分是真的? "+(avaC>=
85));
        }
    }
```

(2) 控制台输出如图 3-15 所示。

✧ 调试运行

程序对学员 A、B、C 分别进行第三个条件判定时,借用通过算数运算符求得的平均成绩,代码如下所示:

```
package CalcuCode;

public class CompCo {
    /**
     * @param args
     */
    public static void main(String[] args) {
        // TODO Auto-generated method stub
        //三科平均成绩不低于 85 分
        int avaA=82;
        System.out.println("学员 A 的三科平均成绩不低于 85 分是真的? "+(avaA>
```

```
85));
            int avaB=80;
            System.out.println("学员 B 的三科平均成绩不低于 85 分是真的? "+(avaB>85));
            int avaC=85;
            System.out.println("学员 C 的三科平均成绩不低于 85 分是真的? "+(avaC>85));
        }
    }
```

程序正常运行，但出现如图 3-21 所示的运行结果。

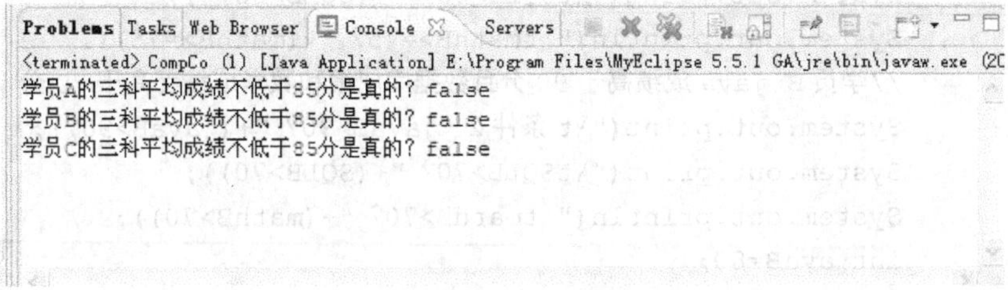

图 3-21 忽略边界值的逻辑错误

以上代码的运行结果，不是我们预期的，对于平均成绩"不低于"应该是"不小于"或"大于或等于"而不仅仅是"大于"或"高于"，以上代码应该对分数所处的临界值 85 的关系判断语句进行如下修改：

(avaA>=85)、(avaB>=85)、(avaC>=85)

◆ 维护升级

为了使运行结果更清晰、简洁，减少冗余的编码，将对各学员的判定输出进行格式简要输出，优化代码如下：

```
package CalcuCode;

public class Comp {
    /**
     * @param args
     */
    public static void main(String[] args) {
        // TODO Auto-generated method stub
        int javaA=86,mathA=80,SQLA=80,javaB=91,
        mathB=67,SQLB=82,javaC=90,mathC=79
        ,SQLC=javaA;
        System.out.print("学员 A:");
        System.out.print("\t 条件 1、javaA>85? "+(javaA>85));
        System.out.print("\tSQLA>85? "+(SQLA>85) );
        System.out.println("\tmathA>=75? "+(mathA>=75));
        //java 成绩高于 90 分且数据库成绩和数学成绩都高于 70 分
```

```java
            System.out.print("\t条件2、javaA>90? "+(javaA>90));
            System.out.print("\tSQLA>70? "+(SQLA>70));
            System.out.println("\tmathA>70? "+(mathA>70));
            int avaA=82;
            System.out.println("\t条件3、avaA>=8? "+(avaA>=85));
            System.out.println("----------------------------------------");

            System.out.print("学员B:");
            //学员B java和数据库成绩是否高于85分,数学成绩不低于75分
            System.out.print("\t条件1、javaB>85? "+(javaB>85));
            System.out.print("\tSQLB>85? "+(SQLB>85) );
            System.out.println("\tmathB>=75? "+(mathB>=75));
            //学员B java成绩高于90分且数据库成绩和数学成绩都高于70分
            System.out.print("\t条件2、javaB>90? "+(javaB>90));
            System.out.print("\tSQLB>70? "+(SQLB>70));
            System.out.println("\tmathB>70? "+(mathB>70));
            int avaB=80;
            System.out.println("\t条件3、avaB>=85? "+(avaB>=85));
            System.out.println("----------------------------------------");

            System.out.print("学员C:");
            //学员C java和数据库成绩是否高于85分,数学成绩不低于75分
            System.out.print("\t条件1、javaC>85? "+(javaC>85));
            System.out.print("\tSQLC>85? "+(SQLC>85) );
            System.out.println("\tmathC>=75? "+(mathC>=75));
            //学员C java成绩高于90分且数据库成绩和数学成绩都高于70分
            System.out.print("\t条件2、javaC>90? "+(javaC>90));
            System.out.print("\tSQLC>70? "+(SQLC>70));
            System.out.println("\tmathC>70? "+(mathC>70));
            int avaC=85;
            System.out.println("\t条件3、avaC>=85? "+(avaC>=85));
        }

    }
```

优化后输出如图 3-22 所示结果。

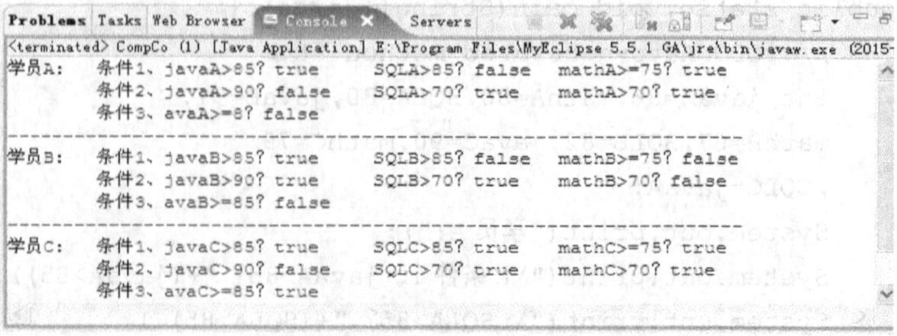

图 3-22 优化的判定结果输出

四、逻辑运算符

◇ 需求分析

当 A、B、C 三个学员分别获得如表 3-1 所示的分数时，根据他们获得的成绩高低从三位学员中筛选合格入职者，实现复杂判定条件的描述，并显示输出哪个入围，如图 3-23 运行结果所示。

1. 需求描述

根据表 3-1 所示学员培训成绩表信息，在 java 语言中用逻辑运算符：①实现学员成绩复杂条件判定的描述；②显示判定最终结果。

2. 运行结果（见图 3-23）

```
Problems  Tasks  Web Browser  Console  Servers
<terminated> CompCo (1) [Java Application] E:\Program Files\MyEclipse 5.5.1 GA\jre\bin\javaw.exe (20
学员A是false入围的
学员B是false入围的
学员C是true入围的
```

图 3-23　学员入选结果

◇ 知识准备

1. 技能解析

运算符的使用，逻辑运算符在程序中对复杂条件判定的应用。

（1）需求中，对学员 A 的"java 和数据库成绩是否高于 85 分，数学成绩不低于 75 分"的成绩判定显示，用逻辑运算符表示如下：

```
int javaA=86,mathA=80,SQLA=80;
System.out.println("\t 条件1、javaA>85 同时 SQLA>85, mathA>=75? "
        +((javaA>85)&&(SQLA>85)&&(mathA>=75)));
```

用同样的方法，对学员 A 的"java 成绩高于 90 分且数据库成绩和数学成绩都高于 70 分"的成绩判定显示，其逻辑运算符表示如下：

```
System.out.println("\t 条件2、javaA>90,SQLA>70 且 mathA>70? "
        +(javaA>90&&SQLA>70&&mathA>70));
```

学员 A 入围与否的成绩的判定结果，输出代码如下：

```
System.out.println("学员A是"+(((javaA>85)&&(SQLA>85)&&(mathA>=75))
        ||(javaA>90&&SQLA>70&&mathA>70)||(avaA>=85))+"入围的");
```

（2）方法同上，为另外两个学员各自的成绩的逻辑运算符应用，实现判定的代码如下：

```
int javaA=86,mathA=80,SQLA=80,javaB=91,mathB=67,SQLB=82,javaC=90,
    mathC=79,SQLC=javaA;
```

学员 B "java 和数据库成绩是否高于 85 分，数学成绩不低于 75 分"是否满足的判定，输出代码如下：

```
System.out.println("\t 条件1、javaB>85 同时 SQLB>85,mathB>=75? "
        +(( javaB >85)&&( SQLB >85)&&(mathB>=75)));
```

学员 B "java 成绩高于 90 分且数据库成绩和数学成绩都高于 70 分"是否满足的判定输出代码如下：

```
System.out.println("\t 条件2、javaB>90,SQLB>70 且 mathB>70? "
        +(javaB>90&&SQLB>70&&mathB>70));
```

学员 B 入围与否的成绩的判定结果，输出代码如下：

```
System.out.println("学员 B 是"+(((javaB>85)&&(SQLB>85)&&(mathB>=75))
        ||(javaB>90&&SQLB>70&&mathB>70)||(avaB>=85))+"入围的");
```

学员 C "java 和数据库成绩是否高于 85 分，数学成绩不低于 75 分"是否满足的判定，输出代码如下：

```
System.out.println("\t 条件1、javaC>85 同时 SQLC>85,mathC>=75? "
        +(( javaC >85)&&( SQLC >85)&&(mathC>=75)));
```

学员 C "java 成绩高于 90 分且数据库成绩和数学成绩都高于 70 分"是否满足的判定输出代码如下：

```
System.out.println("\t 条件2、javaC>90,SQLC>70 且 mathC>70? "
        +(javaC>90&&SQLC>70&&mathC>70));
```

学员 C 入围与否的成绩的判定结果，输出代码如下：

```
System.out.println("学员 C 是"+(((javaC>85)&&(SQLC>85)&&(mathC>=75))
        ||(javaC>90&&SQLC>70&&mathC>70)||(avaC>=85))+"入围的");
```

2．知识解析

（1）逻辑运算符跟关系运算符类似，也是可以产生布尔值运算结果的运算符，它包括与运算、或运算、非运算，逻辑运算符连接的操作数一般都是逻辑型的数值，逻辑运算符的具体形式见表 3-4。

表 3-4 逻辑运算符

运算符	示 例	描 述	结合方向
&	'x'>'y'&'y'<'z'	与	从左向右
&&	(5>3)&&(3==0)	短路与	从左向右
|	('z'<'y')|('t'<'k')	或	从左向右
||	('s'!='S')||('C'>'d')	短路或	从左向右
!	!('A'>'c')	非，取反	从右向左

（2）当使用与运算时，运算符两侧的操作数的返回值都为真，最终与运算的结果才为真；其中有一个为假，则最终与运算的结果即为假。当使用或运算时，运算符前后的操作数的返回值都为假，最终或运算的结果才为假；其中有一个为真，则最终或运算的结果即为真。当使用非运算时，运算符后面的操作数返回值为真时，最终非运算的结果为假；运算符后面操作数返回值为假时，最终非运算的结果为真。其运算规则见表 3-5 所示。

表 3-5 逻辑运算符运算规则

op1 返回值	op2 返回值	与运算	或运算	！op1 返回值
true	true	true	true	false
true	false	false	true	false
false	true	false	true	true
false	false	false	false	true

逻辑运算符在程序中的简单应用，代码如下：

```
package CalcuCode;

public class LogicCalCod {
    /**
     * @param args
     */
    public static void main(String[] args) {
        // TODO Auto-generated method stub
        boolean a=5>3;
        boolean b= 'R'>'r';
        System.out.println("a&b = "+(a&b));
        System.out.println("a&&b = "+(a&&b));
        System.out.println("a&&!b = "+(a&&!b));
        System.out.println("a|b = "+(a|b));
        System.out.println("a||b = "+(a||b));
        System.out.println("!a||b = "+(!a||b));
    }
}
```

程序运行结果如图 3-24 所示。

```
a&b = false
a&&b = false
a&&!b = true
a|b = true
a||b = true
!a||b = false
```

图 3-24 基本逻辑运算符操作

从上面程序的运行结果，表 3-5 的运算规则也进一步得到了验证，而逻辑运算符在程序中也不会仅仅这么简单的应用，它可能会伴随关系运算符、算术运算符等其他运算符参与更复杂的运算操作。

（3）逻辑运算中分为"与"运算、"或"运算，以上程序中没有发现运算符"&"和运算符"&&"、"|"运算和"||"运算的根本区别，我们通过以下代码来对两个与运算进行差异验证：

```
package CalcuCode;
```

```java
public class LogiCoCa {
    /**
     * @param args
     */
    public static void main(String[] args) {
        // TODO Auto-generated method stub
        boolean x,n;
        int t=2,i=1,j=3;
        n = i>j&&t++>1;
        System.out.println("n="+n+"\t t="+t);
        x=i>j&t++>1;
        System.out.println("x="+x+"\t t="+t);
    }
}
```

程序运行结果如图 3-25 所示。

```
Problems Tasks Web Browser  Console ⅩⅩ  Servers
<terminated> LogiCoCa [Java Application] E:\Program Files\MyEclipse 5.5.1 GA\jre\bin\javaw.exe (2015
n=false    t=2
x=false    t=3
```

图 3-25 两个"与"运算的差异

从上面的运行结果中，我们关注 n 和 x 被输出时 t 的不同。n 中使用"&&"运算符，i>j 得到 false 的结果，由于"&&"运算符连接后面 t++>1 操作，打印结果看出，t++>1 并没有被执行到，因为 t 初值就是 2，即 t++从来没有被执行，因此，"&&"运算符的作用是，一旦发现其前面出现 false 时，后面的任何操作将不再被执行。对于这样的逻辑与"&&"（也包括逻辑或"||"），它们会因为在其前面遇到了决定整个运算最终结果的值，而使其后面所有运算都免去编译执行，这种现象被称作"短路"，因而"&&"和"||"分别被称为"短路与"、"短路或"。再看 x 的执行，从打印结果发现，即便 i>j 是 false 的结果，t 的值变为 3，即 t++>1 仍然被执行了，这种"&"被称为"非短路与"，由它连接的前后操作数都被全部执行。通过 n 和 x 两个不同运算符连接的结果不难发现，当程序代码量极大的情况下，短路与可以高效节省计算机的判定执行次数。

（4）逻辑运算符在使用时，可以连续书写来表达连续的逻辑操作判定。例如：'r'!='R' &&3<5||!(t--<3)。

对于相对复杂条件的数学范围，如：3<5<7，用逻辑运算符可以实现，(a<c)&&(b<c)，又如：年龄小于 18 岁或年龄大于 60 岁，age>60||age<18。

（5）在逻辑运算符中，&&、||、&、|的优先级相同，低于于!运算符，可以通过以下代码的运行得以证实。

```
package CalcuCode;

public class LogCosCon {
    /**
```

```
     * @param args
     */
    public static void main(String[] args) {
        // TODO Auto-generated method stub
        boolean a=false,b=false;
        System.out.println(!a&b);
    }
}
```

程序运行代码如图 3-26 所示。

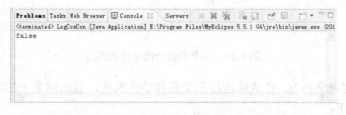

图 3-26 "与""或""非"的优先级验证输出

分析以上代码，先以假设&的运算符先计算为假设，则 a&b 先执行，结果为 false；经过取!后，得到最终打印结果为 true。与我们看到的运行结果相悖逆，从而我们之前的假设是错误的，即!的运算符要先于&运算符而计算，从而得出以上运行结果。其他运算符&&、||、| 与上例中&是一样的，运算级别都较!运算次序低，请自行编写测试代码。

✧ 编码实施

1. 创建 CompCo 类，在主方法中对学员 A 的成绩进行三个条件的分别判定，利用逻辑运算符，将结果显示在控制台，通过每个输出，校验条件表述正确与否。

（1）代码如下：

```
package CalcuCode;

public class CompCo {
    /**
     * @param args
     */
    public static void main(String[] args) {
        // TODO Auto-generated method stub
        int javaA=86,mathA=80,SQLA=80;
        System.out.print("学员A:");
        //java和数据库成绩是否高于85分，数学成绩不低于75分
        System.out.println("\t条件1、javaA>85同时SQLA>85,mathA>=75? "+ ((javaA>85)&&(SQLA>85)&&(mathA>=75)));
        //java成绩高于90分且数据库成绩和数学成绩都高于70分
        System.out.println("\t条件2、javaA>90,SQLA>70且mathA>70? " +(javaA>90&&SQLA>70&&mathA>70));
        int avaA=82;
        System.out.println("\t条件3、avaA>=85? "+(avaA>=85));
```

```
        System.out.println("学员A是"+(((javaA>85)&&(SQLA>85)&&(mathA>=75))
                ||(javaA>90&&SQLA>70&&mathA>70)||(avaA>=85))+"入围的");
    }
}
```

（2）控制台输出如图 3-27 所示结果。

```
Problems  Tasks  Web Browser  Console ⊠  Servers
<terminated> CompCo (1) [Java Application] E:\Program Files\MyEclipse 5.5.1 GA\jre\bin\javaw.exe (20
学员A:    条件1、javaA>85同时SQLA>85, mathA>=75? false
         条件2、javaA>90,SQLA>70且mathA>70? false
         条件3、avaA>=85? false
学员A是false入围的
```

图 3-27 单个学员全部条件的判定

2. 同样分别对学员 B、C 成绩进行三个条件的分判定，显示结果于控制台。
（1）代码如下：

```java
package CalcuCode;

public class CompCo {
    /**
     * @param args
     */
    public static void main(String[] args) {
        // TODO Auto-generated method stub
        int javaA=86,mathA=80,SQLA=80
        ,javaB=91,mathB=67,SQLB=82,javaC=90,mathC=79
        ,SQLC=javaA;
        int avaA=82,avaB=80,avaC=85;
        //java和数据库成绩是否高于85分，数学成绩不低于75分
        System.out.println("\t 条件1、javaA>85 同时 SQLA>85, mathA>=75? "+((javaA>85)&&(SQLA>85)&&(mathA>=75)));
        //java成绩高于90分且数据库成绩和数学成绩都高于70分
        System.out.println("\t 条件2、javaA>90,SQLA>70 且 mathA>70? "
                +(javaA>90&&SQLA>70&&mathA>70));

        System.out.println("\t 条件3、avaA>=85? "+(avaA>=85));
        System.out.println("学员A是"+(((javaA>85)&&(SQLA>85)&&(mathA>=75))
                ||(javaA>90&&SQLA>70&&mathA>70)||(avaA>=85))+"入围的");
        System.out.println("\t 条件1、javaB>85 同时 SQLB>85, mathB>=75? "+((javaB>85)&&(SQLB>85)&&(mathB>=75)));
        System.out.println("\t 条件2、javaB>90,SQLB>70 且 mathB>70? "
                +(javaB>90&&SQLB>70&&mathB>70));
        System.out.println("\t 条件3、avaB>=85? "+(avaB>=85));
        System.out.println("学员B是"+(((javaB>85)&&(SQLB>85)&&(mathB>=75))
```

```
            ||(javaB>90&&SQLB>70&&mathB>70)||(avaB>=85))+"入围的");
        System.out.println("\t 条件1、javaC>85 同时 SQLC>85，mathC>=75?
        "+(( javaC >85)&&( SQLC >85)&&(mathC>=75)));
        System.out.println("\t 条件2、javaC>90,SQLC>70 且 mathC>70? "
                +(javaC>90&&SQLC>70&&mathC>70));
        System.out.println("\t 条件3、avaC>=85? "+(avaC>=85));
        System.out.println("学员 C 是"+(((javaC>85)&&(SQLC>85)&&(mathC>=
75))
            ||(javaC>90&&SQLC>70&&mathC>70)||(avaC>=85))+"入围的");
    }
}
```

（2）控制台输出如图 3-28 的运行结果。

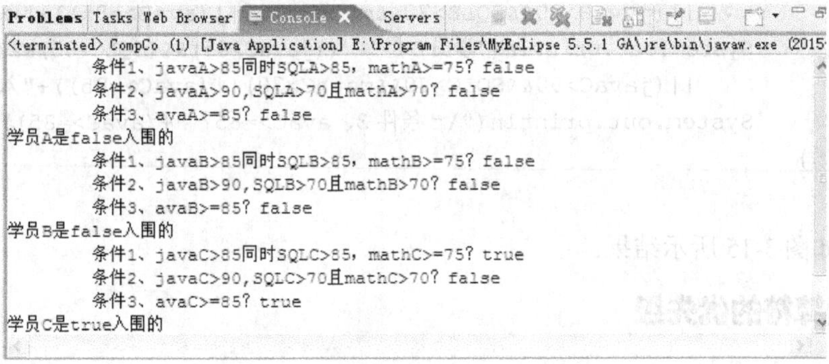

图 3-28　多个学员的全部条件判定输出

◇ 调试运行

程序对学员 A 条件判定时，检验逻辑运算符表述同时满足条件的打印输出语句时，出现如下编译错误，代码如图 3-29 所示。

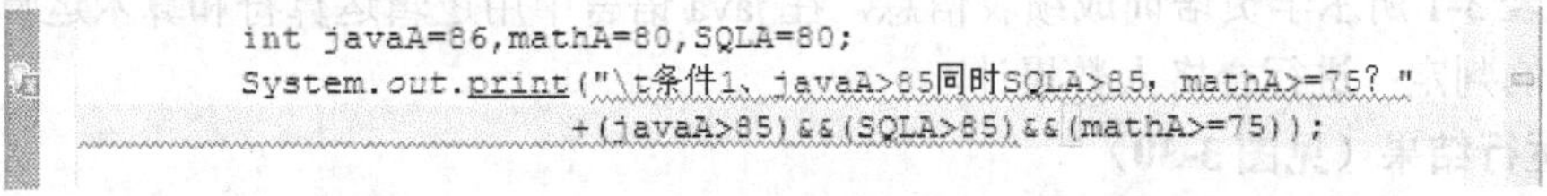

图 3-29　"+" 与 "&&" 优先级产生编译错

以上程序中将所有逻辑运算最外层加括号即可以解决，即打印输出语句做如下修改：

```
System.out.print("\t 条件1、javaA>85 同时 SQLA>85，mathA>=75? "
        +((javaA>85)&&(SQLA>85)&&(mathA>=75)));
```

◇ 维护升级

为了使运行结果更清晰、简洁，减少冗余的编码，将对各学员成绩的判定最终入围情况输出，优化代码如下：

```
package CalcuCode;
public class CompCo {
```

```java
    /**
     * @param args
     */
    public static void main(String[] args) {
        // TODO Auto-generated method stub
        int javaA=86,mathA=80,SQLA=80,javaB=91,
        mathB=67,SQLB=82,javaC=90,mathC=79
        ,SQLC=javaA;
        int avaA=82,avaB=80,avaC=85;
        System.out.println("学员A是"+(((javaA>85)&&(SQLA>85)&&(mathA>=75))
            ||(javaA>90&&SQLA>70&&mathA>70)||(avaA>=85))+"入围的");
        System.out.println("学员B是"+(((javaB>85)&&(SQLB>85)&&(mathB>=75))
            ||(javaB>90&&SQLB>70&&mathB>70)||(avaB>=85))+"入围的");
        System.out.println("学员C是"+(((javaC>85)&&(SQLC>85)&&(mathC>=75))
            ||(javaC>90&&SQLC>70&&mathC>70)||(avaC>=85))+"入围的");
        System.out.println("\t条件3、avaC>=85? "+(avaC>=85));
    }
}
```

优化后输出如图 3-15 所示结果。

五、运算符的优先级

◇ 需求分析

当 A、B、C 三个学员分别获得如表 3-1 所示的分数时，根据他们获得的成绩高低从三位学员中筛选合格入职者，在实现复杂判定条件的描述时，分析运算符的优先次序，求出合格人数。如图 3-30 运行结果所示。

1. 需求描述

根据表 3-1 所示学员培训成绩表信息，在 java 语言中用逻辑运算符和算术运算符，实现优先顺序的判定；进行合格人数累计。

2. 运行结果（见图 3-30）

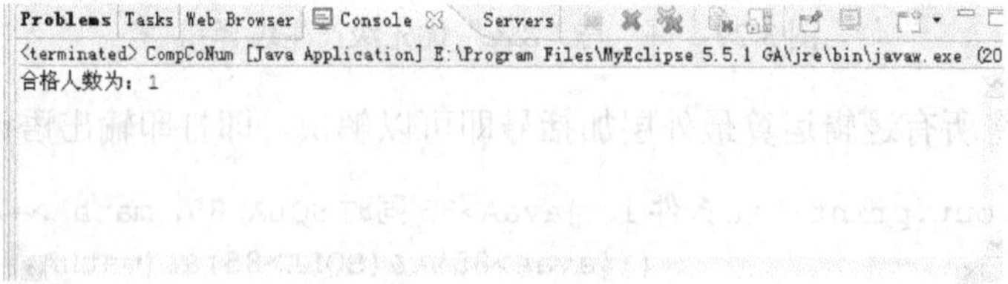

图 3-30 合格人数累计

◇ 知识准备

1. 技能解析

运算符的使用，逻辑运算符和算术运算符在程序中对复杂条件判定时，执行顺序的分析。依据学员 C 平均成绩高于 85 分的条件判定，从运行结果看出，(javaC+mathC+SQLC)/3

>=85 的执行顺序是,先执行除以 3 操作,然后才把除法所得结果与 85 比较大小,而不是先执行 3>=85,再执行除法操作。从而可以得出结论,算数运算优先于关系运算。而对于学员 C " java 成绩高于 90 分且数据库成绩和数学成绩都高于 70 分"的条件,即 javaC>90&&SQLC>70&&mathC>70 这条语句的执行,并没有先执行 90&&SQLC、70&&mathC 等,而是先执行关系判断 javaC>90、SQLC>70、mathC>70 再执行&&运算,这说明关系运算要高于逻辑运算。

2. 知识解析

(1) 通过以往的程序练习,细心者都已经发现,很多代码的执行顺序是有规律的,即它们都按照操作数及运算符的优先执行顺序去运行代码,java 提供了丰富的运算符,这些运算符一般会在程序中同时、混合、无序地出现,表 3-6 列出了运算符的优先级。

表 3-6 运算符的优先级

优先级	运算符	分类	结合方向
1	()	括号	从左向右
2	[]	方括号,用于数组	从左向右
3	!、+(正号)、-(负号)、(目标类型)	一元运算符	从右向左
4	~	位(取反)运算符	从右向左
5	++、--	自增、自减运算符	从右向左
6	*、/、%	算术运算符	从左向右
7	+、-	算术运算符	从左向右
8	<<、>>、>>>	左、右、无符号位移	从左向右
9	>、>=、<、<=、	关系运算符	从左向右
10	!=、==	关系运算符	从左向右
11	&	位逻辑与运算符	从左向右
12	^	位异或运算符	从左向右
13	|	位逻辑或运算符	从左向右
14	&&	逻辑与运算符	从左向右
15	||	逻辑或运算符	从左向右
16	?:	条件运算符	从右向左
17	=	赋值运算符	从右向左

需要说明的是,对以上运算符的优先级不是必须完全记下来的,如果不确定某些优先级的顺序,完全可以通过括号,改变执行顺序即可,表 3-6 中括号的优先级别是最高的。

对于表中列出的位运算符,可以做简单了解。

(2) 自增、自减运算符。java 语言中提供了最常见而且具有极大便利性的运算符,即自增和自减运算符。其功能及符号见表 3-7 所示。

表 3-7 自增与自减运算符

运算符	示例	结果	描述
i++	i=1;i++>1	false,i=2	变量 i 值加 1,i++>1 的值取运算前变量 i 的值
i--	i=1;i--==0	false,i=0	变量 i 值减 1,i--==0 的值取运算前变量 i 的值
++i	i=1;++i>1	true,i=2	变量 i 值加 1,++i>1 的值取运算后变量 i 的值
--i	i=1;--i==0	true,i=0	变量 i 值减 1,--i==0 的值取运算后变量 i 的值

(3) 条件运算符。java 中提供了一个由三个操作数运算的符号，被称为条件运算符。其语法格式如下：

    条件?条件满足时的取值:条件不满足时的取值；

例如：int x=10,y=5;
    System.out.println(x>y?x:y);

上面代码中条件为 10>5，结果取 x，打印输出的结果为 10。

◇ 编码实施

创建 CompCoNum 类，在主方法中对学员的成绩进行三个条件的逻辑判定，利用逻辑运算符、关系运算符、条件运算符及自增运算符，累计合格人数，将结果显示在控制台。

（1）代码如下：

```
package CalcuCode;

public class CompCoNum {
    /**
     * @param args
     */
    public static void main(String[] args) {
        // TODO Auto-generated method stub
        int javaA=86,mathA=80,SQLA=80
        ,javaB=91,mathB=67,SQLB=82,javaC=90,mathC=79
            ,SQLC=javaA,count=0;
        count=((javaA>85&&SQLA>85&&mathA>=75)||(javaA>90&&SQLA>70&& mathA>70)||((javaA+mathA+SQLA)/3>=85))?++count:count;
        count=((javaB>85&&SQLB>85&&mathB>=75)||(javaB>90&&SQLB>70&&mathB>70)||((javaB+mathB+SQLB)/3>=85))?++count:count;
        count=(((javaC>85)&&(SQLC>85)&&(mathC>=75))||(javaC>90&&SQLC>70&&mathC>70)||((javaC+mathC+SQLC)/3>=85))?++count:count;
        System.out.println("合格人数为："+count);
    }
}
```

（2）控制台输出如图 3-30 所示。

◇ 调试运行

1. 对学员成绩筛选累计合格人数时，将检验条件作为条件语句的判定部分，取累计变量自增结果作为条件满足的最终结果，取累计变量原始值作为条件不满足的最终结果，代码如下所示：

```
package CalcuCode;

public class CompCoNum {
```

```
    /**
     * @param args
     */
    public static void main(String[] args) {
        // TODO Auto-generated method stub
        int javaA=86,mathA=80,SQLA=80
        ,javaB=91,mathB=67,SQLB=82,javaC=90,mathC=79
        ,SQLC=javaA,count=0;
        count=((javaA>85&&SQLA>85&&mathA>=75)||(javaA>90&&SQLA>70
        &&mathA>70)||((javaA+mathA+SQLA)/3>=85))?count++:count;
        count=((javaB>85&&SQLB>85&&mathB>=75)||(javaB>90&&SQLB>70&&
        mathB>70)||((javaB+mathB+SQLB)/3>=85))?count++:count;
        count=(((javaC>85)&&(SQLC>85)&&(mathC>=75))||(javaC>90&&SQLC>
        70&&mathC>70)||((javaC+mathC+SQLC)/3>=85))?count++:count;
        System.out.println("合格人数为："+count);
    }
}
```

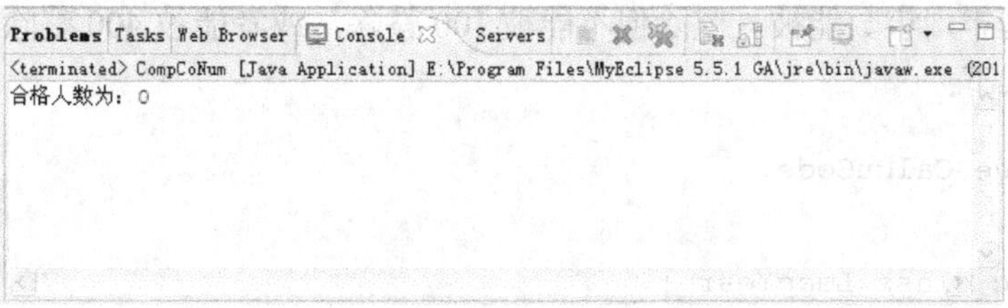

图 3-31 "++" 后置产生的逻辑错

以上程序中正常运行，但程序得到如上运行结果（见图 3-31）。通过程序发现，对于前两个学员当条件不满足时，count++根本没有被执行到，但事实上是，当学员 C 满足时，count++也是先引用 count 的初始值，赋予左边变量 count。为了保证程序的逻辑正确性，对所有 count 代码做以修改，将自增运算符前置。

```
count=((javaA>85&&SQLA>85&&mathA>=75)||(javaA>90&&SQLA>70&&mathA>70)
    ||((javaA+mathA+SQLA)/3>=85))?++count:count;
count=((javaB>85&&SQLB>85&&mathB>=75)||(javaB>90&&SQLB>70&&mathB>70)
    ||((javaB+mathB+SQLB)/3>=85))?++count:count;
count=(((javaC>85)&&(SQLC>85)&&(mathC>=75))||(javaC>90&&SQLC>70&&
    mathC>70)||((javaC+mathC+SQLC)/3>=85))?++count:count;
```

2. 对学员 A 单独判定时，只用赋值号右侧的条件表达式，通过条件满足时求得 count 的值，程序会产生如图 3-32 所示错误：

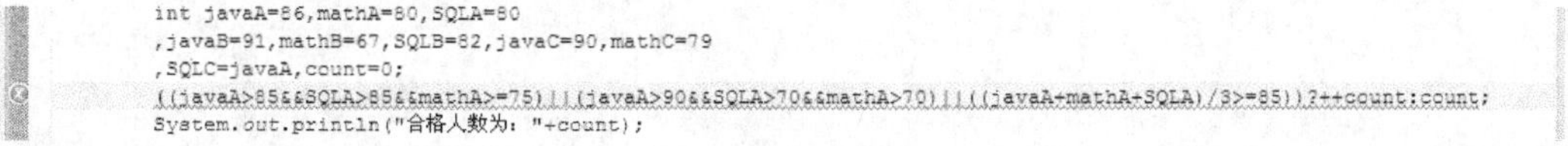

图 3-32 条件运算符独立成语句的编译错

分析以上代码，在 java 中，条件运算符一般情况下是不允许直接书写而不将结果赋予某一个变量的，避免此错误发生的办法即将条件运算的最终结果赋予某一个变量保存。

另外，将某一个算术运算符连接的操作数直接作为语句写入程序，也会产生编译错误，如：3+5-2;类似于这样的语句独立出现，java 编译器是不允许的。

3. 对于人数累计，是否可以不借助中间变量，直接进行增加累计呢？以学员 A 为例实现代码如图 3-33 所示。

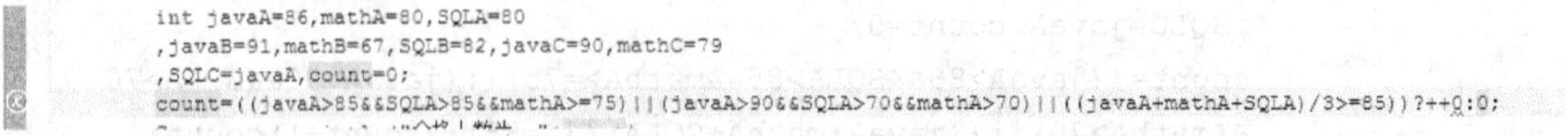

```
int javaA=86,mathA=80,SQLA=80
,javaB=91,mathB=67,SQLB=82,javaC=90,mathC=79
,SQLC=javaA,count=0;
count=((javaA>85&&SQLA>85&&mathA>=75)||(javaA>90&&SQLA>70&&mathA>70)||((javaA+mathA+SQLA)/3>=85))?++Q:0;
```

图 3-33 常量使用 "++" 运算符的编译错

分析以上代码发现，对于自增（自减）运算符，是不允许直接操作常量（运算式、字符串常量）的。其只能对变量自身进行自加或自减运算。

◇ 维护升级

利用逻辑运算符、关系运算符，判定 2015 年是否是闰年？
（1）所谓闰年，年数能被 4 整除但不能被 100 整除，或者能被 400 整除的年份。
（2）代码如下：

```java
package CalcuCode;

public class LeapYear {
    /**
     * @param args
     */
    public static void main(String[] args) {
        // TODO Auto-generated method stub
        int year=2015;
        String res=(year%4==0&&year%100!=0)||(year%400==0)?"是":"不是";
        System.out.println(year+"年"+res+"闰年|");
    }
}
```

（3）程序运行结果如图 3-34 所示。

```
Problems Tasks Web Browser  Console ✕  Servers
<terminated> LeapYear [Java Application] E:\Program Files\MyEclipse 5.5.1 GA\jre\bin\javaw.exe (201
2015年不是闰年！
```

图 3-34 闰年的判定

任务二 表 达 式

一、表达式结构

◇ 需求分析

当学员 A、B、C 分别获得如表 3-1 所示的分数时,根据他们获得的成绩高低从三位学员中筛选合格入职者,在实现复杂判定条件的描述时,对合格人数累计的代码可以优化。如图 3-34 运行结果所示。

1. 需求描述

根据表 3-1 所示学员培训成绩表信息,在 java 语言中用逻辑运算符和算术运算符,合格人数累计中简洁表达式的优化应用。

2. 运行结果(见图 3-35)

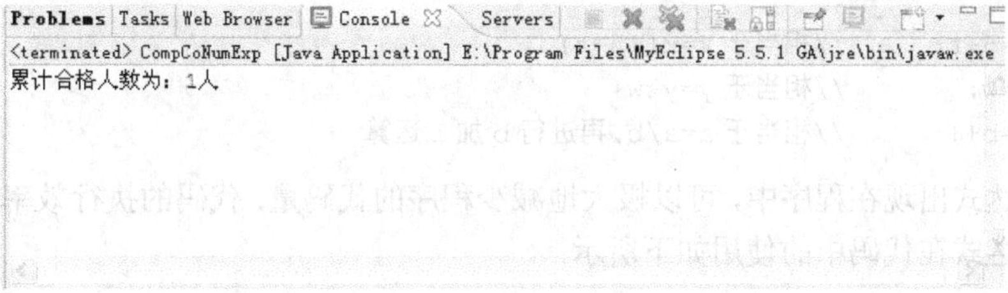

```
Problems  Tasks  Web Browser   Console ⊠   Servers
<terminated> CompCoNumExp [Java Application] E:\Program Files\MyEclipse 5.5.1 GA\jre\bin\javaw.exe
累计合格人数为:1人
```

图 3-35 合格人数累计

◇ 知识准备

1. 技能解析

运算符的使用,简洁表达式的使用。

(1) 以学员 C 的条件判定为例,将上节实现代码改为以下形式:

```
count+=(((javaC>85)&&(SQLC>85)&&(mathC>=75))||(javaC>90&&SQLC>70&&mathC>70)||((javaC+mathC+SQLC)/3>=85))?1:0;。
```

类似于这种 a+=x;的表达式将原始程序进行优化,更有利于理解,也更加简化代码量。

(2) 同时,对学员 A、B 的累计运算也同形式修改:

```
count+=(((javaA>85)&&(SQLA>85)&&(mathA>=75))||(javaA>90&&SQLA>70&&mathA>70)||((javaA+mathA+SQLA)/3>=85))?1:0;
count+=(((javaB>85)&&(SQLB>85)&&(mathB>=75))||(javaB>90&&SQLB>70&&mathB>70)||((javaB+mathB+SQLB)/3>=85))?1:0;
```

2. 知识解析

(1) java 语言中,表达式是指由操作数和运算符按照运算符的语法规则组成的序列,它可以通过运算得到具体的某个值。一般情况下,操作数是参与运算的常量、变量或方法、其他简单表达式。

表达式的正确使用方法是:

```
-79            //表达式由负号运算符与常数79组成简单表达式
mon+1;         //表达式由变量mon、算数运算符与常量1组成简单表达式
x+y-z/(w*2-7)  //表达式由变量、算数运算符与常量1组成简单表达式
```

（2）java还提供了一些复合的运算符，由这些运算符组成的表达式形成了简洁表达式。复合运算符见表3-8。

表3-8 复合运算符

运算符	示例	结果	描述
+=	x+=y	x=x+y	将x的值取出与y相加，把和赋值给x
-=	x-=y	x=x-y	将x的值取出与y相减，把差赋值给x
*=	x*=y	x=x*y	将x的值取出与y相乘，把积赋值给x
/=	x/=y	x=x/y	将x的值取出与y相除，把商赋值给x
%=	x%=y	x=x%y	将x的值取出与y相求余，把余数赋值给x

由以上复合运算符构成的简洁表达式形如：

```
x+=5+t;    //相当于x=x+(5+t)
y%=w;      //相当于y=y%w
a/=b++;    //相当于a=a/b,再进行b加1运算
```

简洁表达式出现在程序中，可以极大地减少程序的代码量，代码的执行效率也得到提高。简洁表达式在代码中的使用如下所示：

```java
package CalcuCode;

public class CompCoNumExp {
    /**
     * @param args
     */
    public static void main(String[] args) {
        // TODO Auto-generated method stub
        int x=5,y=8;
        System.out.println("复合运算前：x="+x+",y="+y);
        x+=y;
        System.out.println("复合运算后：x="+x+",y="+y);
    }
}
```

程序运行如图3-36所示结果。

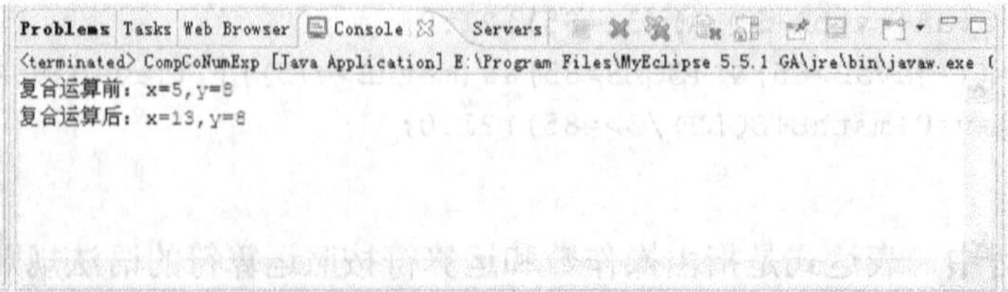

图3-36 复合运算符的使用

（3）除了复合运算符，简洁表达式中还可以有自增、自减运算和条件运算，正如我们这

个需求中,它们也能高效地执行简洁代码。代码中应用如下:

```java
package CalcuCode;

public class CompCoNumExp {
    /**
     * @param args
     */
    public static void main(String[] args) {
        // TODO Auto-generated method stub
        int x=12,y=3;
        System.out.println("复合运算前: x="+x+",y="+y);
        x*=y++;
        System.out.println("x*=y++复合运算后: x="+x+",y="+y);
        x=12;y=3;
        System.out.println("复合运算前: x="+x+",y="+y);
        x*=++y;
        System.out.println("x*=++y复合运算后: x="+x+",y="+y);
        x=12;y=3;
        System.out.println("复合运算前: x="+x+",y="+y);
        x*=--y;
        System.out.println("x*=--y复合运算后: x="+x+",y="+y);
        x=12;y=3;
        System.out.println("复合运算前: x="+x+",y="+y);
        x*=y--;
        System.out.println("x*=y--复合运算后: x="+x+",y="+y);
        x=12;y=3;
        System.out.println("复合运算前: x="+x+",y="+y);
        x+=x>y?x:y;
        System.out.println("x+=x>y?x:y复合运算后: x="+x+",y="+y);
    }
}
```

程序运行结果如图 3-37 所示。

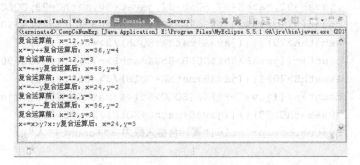

图 3-37 复杂简洁表达式的使用

◆ **编码实施**

1. 创建 CompCoNumExp 类,在主方法中对学员 C 的成绩逻辑判定,利用多个运算符及简洁表达式的形式,累计合格人数,将结果显示在控制台。

(1) 代码如下:

```
package CalcuCode;

public class CompCoNumExp {
    /**
     * @param args
     */
    public static void main(String[] args) {
        // TODO Auto-generated method stub
        int javaC=90,mathC=79,SQLC=86,count=0;

        count+=(((javaC>85)&&(SQLC>85)&&(mathC>=75))||(javaC>90&&SQLC>
        70&&mathC>70)||((javaC+mathC+SQLC)/3>=85))?1:0;
         System.out.println("累计合格人数为:"+count+"人");
    }
}
```

(2) 程序运行结果如图 3-34 所示。

2. 在 CompCoNumExp 类主方法中增加学员 A、B 的逻辑判断,简洁表达式优化代码形式如下:

```
package CalcuCode;

public class CompCoNumExp {
    /**
     * @param args
     */
    public static void main(String[] args) {
        // TODO Auto-generated method stub
        int javaA=86,mathA=80,SQLA=80
        ,javaB=91,mathB=67,SQLB=82,javaC=90,mathC=79,SQLC=86,count=0;
        count+=((javaA>85&&SQLA>85&&mathA>=75)||(javaA>90&&SQLA>70
        &&mathA>70)||((javaA+mathA+SQLA)/3>=85))?1:0;
        count+=((javaB>85&&SQLB>85&&mathB>=75)||(javaB>90&&SQLB>70
        &&mathB>70)||((javaB+mathB+SQLB)/3>=85))?1:0;
        count+=(((javaC>85)&&(SQLC>85)&&(mathC>=75))||(javaC>90&&SQLC>
        70&&mathC>70)||((javaC+mathC+SQLC)/3>=85))?1:0;
        System.out.println("累计合格人数为:"+count+"人");
    }
}
```

程序运行结果如图 3-35 所示。

◇ **调试运行**

1. 以学员 C 为例，对代码用嵌套条件运算的简洁表达式形式修改，代码如下：

```
package CalcuCode;

public class CompCoNumExp {
    /**
     * @param args
     */
    public static void main(String[] args) {
        // TODO Auto-generated method stub
        int javaC=90,mathC=79,SQLC=javaA,count=0;
        count+=(javaC>90&&SQLC>70&&mathC>70)?1:(javaC>85)&&(SQLC>85)
        &&(mathC>=75)?1:((javaC+mathC+SQLC)/3>=85)?1:0;
        System.out.println("累计合格人数为："+count+"人");
    }
}
```

2. 增加另两位学员条件判定的简洁表达式形式，代码如下：

```
package CalcuCode;

public class CompCoNumExp {
    /**
     * @param args
     */
    public static void main(String[] args) {
        // TODO Auto-generated method stub
        int javaA=86,mathA=80,SQLA=80
        ,javaB=91,mathB=67,SQLB=82,javaC=90,mathC=79,SQLC=86,count=0;
        count+=(javaA>90&&SQLA>70&&mathA>70)?1:(javaA>85)&&(SQLA>85)
        &&(mathA>=75)?1:((javaA+mathA+SQLA)/3>=85)?1:0;
        count+=(javaB>90&&SQLB>70&&mathB>70)?1:(javaB>85)&&(SQLB>85)&&
        (mathB>=75)?1:((javaB+mathB+SQLB)/3>=85)?1:0;
        count+=(javaC>90&&SQLC>70&&mathC>70)?1:(javaC>85)&&(SQLC>85)
        &&(mathC>=75)?1:((javaC+mathC+SQLC)/3>=85)?1:0;
        System.out.println("累计合格人数为："+count+"人");
    }
}
```

◇ **维护升级**

1. 利用条件表达式的简洁表达式形式，实现学生成绩等级评分制输出。已知学生成绩为 79 分，学习成绩 >=90 分的同学用 A 表示，60~89 分之间的用 B 表示，60 分以下的用 C 表示。

(1) 代码如下：

```
package CalcuCode;

public class CompCoNumExp {
    /**
     * @param args
     */
    public static void main(String[] args) {
        // TODO Auto-generated method stub
        int x=79;
        char grade;
        grade=x>=90?'A':x>=60?'B':'C';
        System.out.println("学生分数为"+x+"分，等级制为"+grade+"级。");
    }
}
```

(2) 程序运行结果如图 3-38 所示。

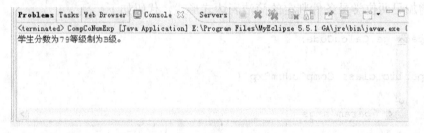

图 3-38　学员成绩等级评分制输出

(3) 从以上程序结果分析，条件运算符的优先级是低于算术运算符、高于赋值运算符的，而且它的结合方式是"自右向左"的执行顺序。

2. 已知 a 的值为 10，计算 a+=a-=a*a 的值。

(1) 代码如下：

```
package CalcuCode;

public class CompCoNumExp {
    /**
     * @param args
     */
    public static void main(String[] args) {
        // TODO Auto-generated method stub
        int x=10;
        x+=x-=x*x;
        System.out.println(x);
    }
}
```

（2）程序执行结果如图 3-39 所示。

```
Problems Tasks Web Browser  Console  Servers
<terminated> CompCoNumExp [Java Application] E:\Program Files\MyEclipse 5.5.1 GA\jre\bin\javaw.exe (
-80
```

图 3-39　运算符优先级验证输出

（3）按照赋值运算符及简洁表达式的右结合性，首先计算 x-=x*x，相当于 x=x-x*x=10-100=-90，再计算 x+=-90，相当于 a=a+(-90)=10+(-90)= -80。

二、表达式类型转换

◇ 需求分析

当学员 A、B、C 分别获得如表 3-9 所示的分数时，计算平均成绩。如图 3-39 运行结果所示。

1．需求描述

根据表 3-9 所示学员培训成绩表信息，在 java 语言中用算术运算符，计算每个学员的平均成绩。

表 3-9　学员培训成绩表

学　员	java	数　学	数　据　库
学员 A	86	81	80
学员 B	91.5	67	82
学员 C	90	79.5	86

2．运行结果（见图 3-40）

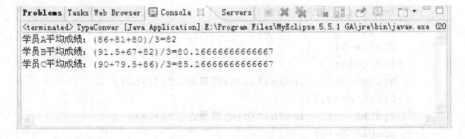

图 3-40　学员的平均成绩

◇ 知识准备

1．技能解析

运算符与不同类型操作数连接成表达式时，产生不同类型的结果。

（1）java 中参加运算的操作数的数据类型在编译前就已经确定了，为了不人为限定数据的执行类型，用输出语句直接将结果显示出来。

```
System.out.println("学员A平均成绩: (86+81+80)/3="+(86+81+80)/3);
System.out.println("学员B平均成绩: (91.5+67+82)/3="+(91.5+67+82)/3);
System.out.println("学员C平均成绩: (90+79.5+86)/3="+(90+79.5+86)/3);
```

（2）从学员 A 的平均成绩分析，没有出现 82.33333333333333 而只出现 82，学员 B 和 C 则出现精确度较高的浮点型结果值。即 java 中，可能在运算过程中，数据类型被有限度地做了类型转换处理。

java 中，数据类型在运算过程中进行的转换方式可分为"自动类型转换"和"强制类型转换"两种。

本例中，两个操作数都是整数的除法运算得到的仍然是整数，两个操作数不全为同一种类型的运算就发生了自动类型转换。

2．知识解析

java 语言中有两种方式的类型转换："自动类型转换"也叫"扩大转换"，自动类型转换由系统自动执行，不需要编写代码人员在代码中做任何修改或标注，自动类型转换一般是由低字节（占用存储空间小的）数据类型向高字节（占用存储空间大的）数据类型转换；"强制类型转换"也加"缩小转换"，这种转换必须有编码人员在代码中标注，强制类型转换通常由高字节数据类型向低字节数据类型转换，这种转换结果值会比参与转换的原数据类型精度低。

（1）java 会在运算过程中，满足以下两个条件的前提下，才进行自动类型转换的：

① 转换前后的数据类型是兼容的；
② 转换后的数据类型的表示范围比转换前的类型大。

如：两种不同类型数据相加运算，代码如下：

```java
package CalcuCode;

public class TypeConver {
    /**
     * @param args
     */
    public static void main(String[] args) {
        // TODO Auto-generated method stub
        char a=5;
        int b=10;
        System.out.println("(a+b)结果为: "+(a+b));
        float c=10.1f;
        System.out.println("(b+c)结果为: "+(b+c));
        double d=10;
        System.out.println("(b+d)的结果为: "+(b+d));
        double e=c+d;     //自动类型转换时不能是float类型，只能是double
        System.out.println("(c+d)的结果为: "+e);
    }
}
```

程序运行结果如图 3-41 所示。

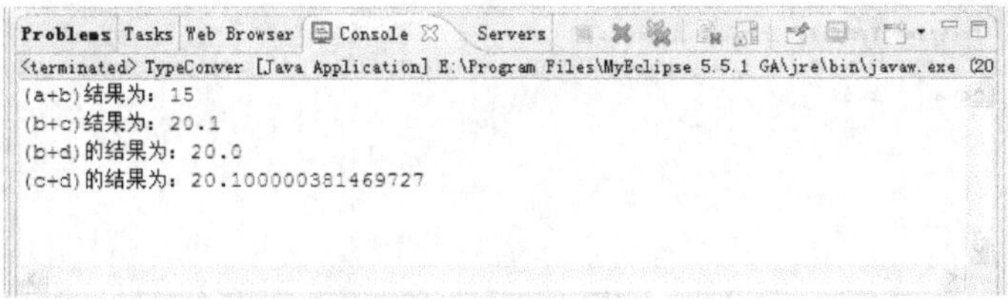

```
(a+b)结果为: 15
(b+c)结果为: 20.1
(b+d)的结果为: 20.0
(c+d)的结果为: 20.100000381469727
```

图 3-41 不同类型数据的算术运算

通过以上程序结果，对于一个为 char 类型，一个为 int 类型的两个操作数，最终结果是 int 类型，这两种类型互相兼容，而且最终结果的值 int 类型也比 char 类型要大，系统自动转换了数据类型。同样，int 类型与 float 类型的两个数相加，int 类型与 float 类型互相兼容，目标类型 float 也比 int 类型大。float 类型与 double 类型的运算也是满足自动转换的两个条件。经过以上运算及其他类型的自动转换规律，得到自动转换规则表，如表 3-10 所示。

表 3-10 自动类型转换规则表

op1 类型	op2 类型	转换后类型
byte、short、char	int	int
byte、short、char、int	long	long
byte、short、char、int、long	float	float
byte、short、char、int、long、float	double	double
byte、short、char、int、long、float	与 op1 同型	与 op1 同型

需要注意的是，类型自动转换并不会影响 op1（原操作数）所定义的变量类型，也不会改变其原有精确度，只是运算结果会被自动转换类型。以上述代码为例，char 型的 a 虽然与 int 型 b 相加，但 a 的类型和值都不会发生转变，只有(a+b)的运算时 a 值被取出作为操作数临时会转换为 int 型，并产生(a+b)的 int 型值，原有的 a 变量没有改变。

（2）代码中一个基本数据类型的操作数遇到 String 类型数据，运算后的类型都是 String 类型。

① 字符串类型变量与整型操作数的运算，代码如下：

```
package CalcuCode;

public class TypeConver {
    /**
     * @param args
     */
    public static void main(String[] args) {
        // TODO Auto-generated method stub
        //字符串类型变量与整型操作数的运算
        String str="java\t";
        int a=100;
        System.out.println(str+a);
    }
}
```

程序运行结果如图 3-42 所示。

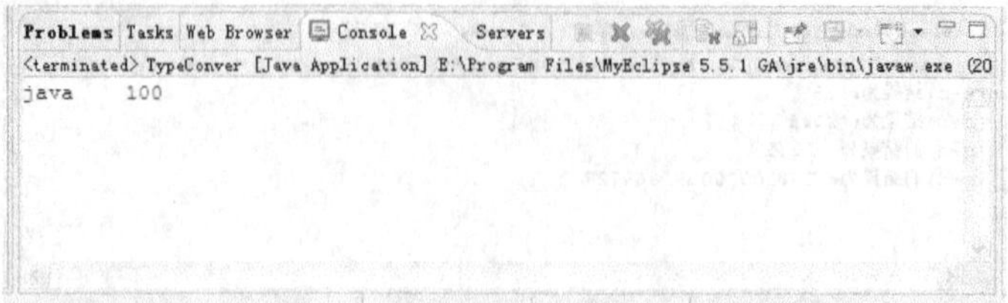

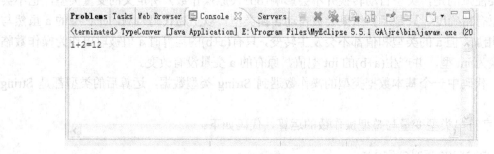

图 3-42 "+"连接字符串与整数的运算

② 字符串类型常量与整型变量的操作,代码如下:

```
package CalcuCode;

public class TypeConver {
    /**
     * @param args
     */
    public static void main(String[] args) {
        // TODO Auto-generated method stub
        int a=1,b=2;
        System.out.println("1+2="+a+b);
    }
}
```

程序运行结果如图 3-43 所示。

图 3-43 字符串与整型变量的 "+" 运算

从代码执行结果看出,由于遇到了字符串常量,原本要求整数变量和的程序,并没有输出 3,而是执行了整数变量向字符串类型的转换,因而得到 12 两个字符串输出。

System.out.println("1+2="+a+b);语句中,"+"并没有起到算术运算符的加运算,而是起到连接符的作用。

要想得到正确的和输出,必须修改以上语句为:

System.out.println("1+2="+(a+b));

(3) 对于两个相同类型的操作数运算时,运算结果也是操作数原有的类型。例如,10/3 的运算结果为 3 而不是 3.333333333,要得到精确度高的浮点型数据,需要进行强制类型转换。强制类型转换的语法格式如下:

(目标数据类型)变量名称;

以下 double 型数与整型数据说明了强制类型转换的使用方法，代码如下：

```java
package CalcuCode;

public class TypeConver {
    /**
     * @param args
     */
    public static void main(String[] args) {
        // TODO Auto-generated method stub
        double dou=20.1;
        int a=(int)dou;
        System.out.println("a="+a);
        System.out.println("8/6="+(double)8/6);
    }
}
```

程序运行如图 3-44 所示结果。

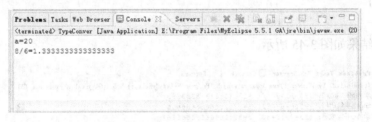

图 3-44　强制类型转换的实现

✧ 编码实施

1. 创建 TypeConver 类，当不确定运算结果的数据类型，或不限定结果的数据类型时，在主方法中直接将求平均值运算结果显示在控制台。

（1）代码如下：

```java
package CalcuCode;

public class TypeConver {
    /**
     * @param args
     */
    public static void main(String[] args) {
        // TODO Auto-generated method stub
        System.out.println("学员A平均成绩:(86+81+80)/3="+(86+81+80.0)/3);
        System.out.println("学员B平均成绩: (91.5+67+82)/3="
                +(91.5+67+82)/3);
        System.out.println("学员C平均成绩: (90+79.5+86)/3="
                +(90+79.5+86)/3);
    }
}
```

（2）程序运行结果如图 3-39 所示。

2. 在 TypeConver 类主方法中，提高学员 A 的平均成绩的精确度，对以上代码修改如下：

```
package CalcuCode;

public class TypeConver {
    /**
     * @param args
     */
    public static void main(String[] args) {
        // TODO Auto-generated method stub
        System.out.println("学员A平均成绩：(86+81+80)/3 ="
        +(double)(86+81+80.0)/3);
        System.out.println("学员B平均成绩：(91.5+67+82)/3="
        +(91.5+67+82)/3);
        System.out.println("学员C平均成绩：(90+79.5+86)/3="
        +(90+79.5+86)/3);
    }
}
```

程序运行结果如图 3-45 所示。

```
Problems  Tasks  Web Browser  □ Console ⊠  Servers
<terminated> TypeConver [Java Application] E:\Program Files\MyEclipse 5.5.1 GA\jre\bin\javaw.exe (20
学员A平均成绩：(86+81+80)/3 =82.33333333333333
学员B平均成绩：(91.5+67+82)/3=80.16666666666667
学员C平均成绩：(90+79.5+86)/3=85.16666666666667
```

图 3-45　提高平均成绩的精确度

✧ 调试运行

1. 对某些需要强制类型转换的操作，必要时可以对被操作数或表达式加括号，不需要时，括号可能会影响真实效果。

（1）以学员 A 平均成绩计算为例，代码如下：

```
package CalcuCode;

public class TypeConver {
    /**
     * @param args
     */
    public static void main(String[] args) {
        // TODO Auto-generated method stub
        System.out.println("学员A平均成绩：(86+81+80)/3 ="
        +(double)(86+81+80)/3);
        System.out.println("学员A平均成绩：(86+81+80)/3 ="
        +(double)((86+81+80)/3));
```

    }
}

（2）程序运行结果如图 3-46 所示。

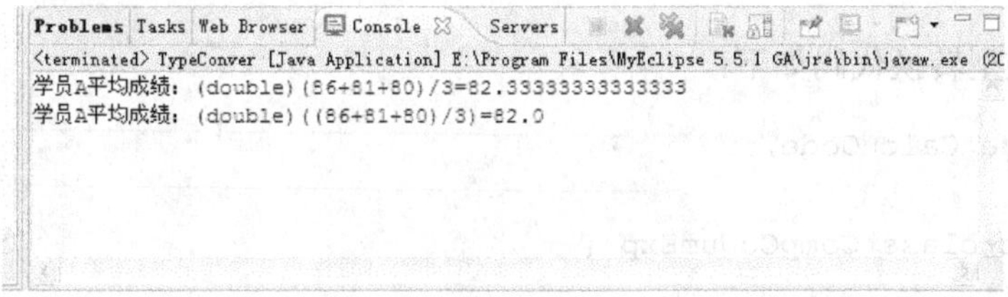

图 3-46 "()"符号的使用

通过以上两个结果对比，第一个结果是正确的。第二个错误出现在，需要转换的不是整数相除的结果，而是相除之前的某一个操作数。只有在操作数中的一个是 double 类型时，才能够得到精确度准确的结果值。

2. 假设对学员求平均成绩要求其数值类型为整型，需要对被除数操作数进行强制类型转换，或对结果进行强制类型转换。

（1）对以上代码修改如下：

```
package CalcuCode;

public class TypeConver {
    /**
     * @param args
     */
    public static void main(String[] args) {
        // TODO Auto-generated method stub
        System.out.println("学员A平均成绩：(int)(86+81+80)/3="
        +(int)(86+81+80)/3);
        System.out.println("学员B平均成绩：(int)(91.5+67+82)/3="
        +(int)(91.5+67+82)/3);
        System.out.println("学员C平均成绩：(int)(90+79.5+86)/3="
        +(int)(90+79.5+86)/3);
    }
}
```

（2）程序运行结果如图 3-47 所示。

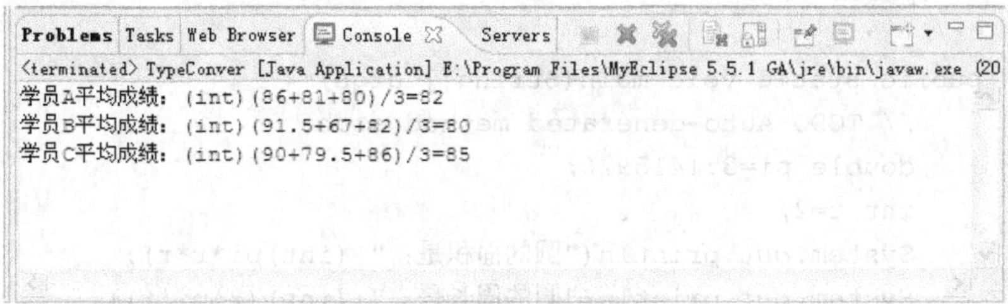

图 3-47 平均成绩为整数的输出

◇ **维护升级**

利用自动类型转换及强制类型转换，求圆的面积和周长。已知圆的半径为 2，pi（π）值为 3.1415926。

（1）自动类型转换代码如下：

```java
package CalcuCode;

public class CompCoNumExp {
    /**
     * @param args
     */
    public static void main(String[] args) {
        // TODO Auto-generated method stub
        double pi=3.1415926;
        int r=2;
        System.out.println("圆的面积是："+pi*r*r);
        System.out.println("圆的周长是："+2*pi*r);
    }
}
```

程序运行结果如图 3-48 所示。

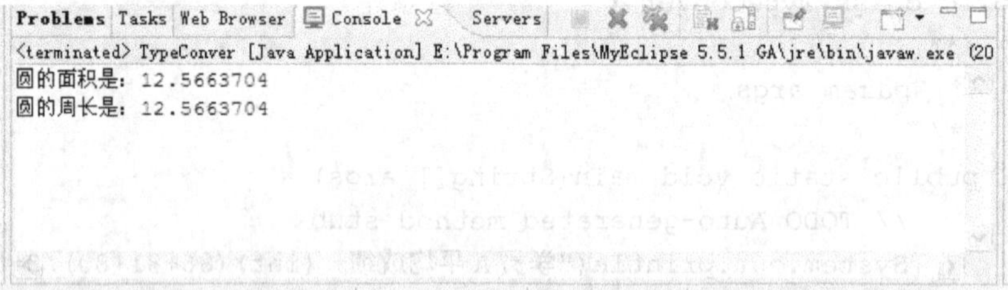

图 3-48 高精度圆的面积和周长计算

（2）强制类型转换代码如下：

```java
package CalcuCode;

public class CompCoNumExp {
    /**
     * @param args
     */
    public static void main(String[] args) {
        // TODO Auto-generated method stub
        double pi=3.1415926;
        int r=2;
        System.out.println("圆的面积是："+(int)pi*r*r);
        System.out.println("圆的周长是："+(int)(2*pi*r));
    }
}
```

（3）程序执行结果如图 3-49 所示。

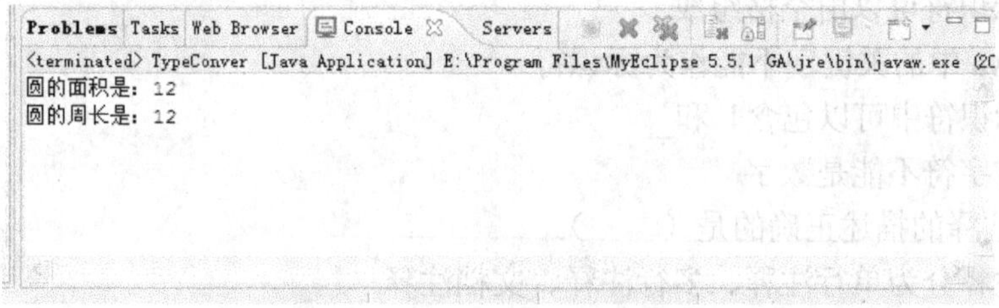

图 3-49　整型面积和周长的输出

项目实训与练习

一、操作题

1. 求 246 是否是水仙花数。
2. 实现两个整数内容的交换。
3. 给定三个数，找出最大值，并显示出来。
4. 判定一个数能否同时被 3、5、7 整除。
5. 实现两个数相加的和输出。
6. 对某个浮点型数进行强制类型转换，并显示原数和转换后的结果。
7. 声明两个变量，求其和、差、积、商，并添加注释。

二、选择题

1. 下列说法中错误的是（　　）。
   A．变量必须先定义后使用
   B．自动类型转换就是数据类型在转换时，不需要声明，没精度损失
   C．常量的值一旦被设定就不能更改
   D．自动类型转换就是可能丢失信息的情况下进行的转换
2. java 语言中，对关键字大小写的要求，所有关键字（　　）。
   A．首字符大小，其他字符小写
   B．只能大写
   C．必须小写
   D．大小写均可
3. 下列语句执行结果是（　　）。

   ```
   public class ex1{
   public static void main(String args[]){
   int x=5;
   x*=x%5+x/(x+x%10);
   System.out.println(x);
   }
   }
   ```

   A．5　　　　　　B．0　　　　　　C．15　　　　　　D．10

4. 关于标识符的命名规则，说法错误的是（　　）。
   A. 标识符可以由空格组成
   B. java中的关键字不能作为标识符
   C. 标识符中可以包含！和_
   D. 首字符不能是数字

5. 关于注释的描述正确的是（　　）。
   A. 注释分为单行注释、多行注释、文档注释
   B. 单行注释的表示形式是/**注释内容*/
   C. 多行注释的形式是//
   D. 文档注释的形式是/*代码编者*/

6. java源文件和编译后的扩展名分别为（　　）。
   A. .class　.java　　　　　B. .class　.class
   C. .java　.java　　　　　 D. .java　.class

7. 布尔类型数据有两个值（　　）。
   A. 1和0　　B. true和0　　C. false和1　　D. true和false

8. 自增自减运算符适应于数值型操作，其操作数可以是（　　）。
   A. 整型和浮点型数据　　　B. 字符串型数据
   C. 布尔型数据　　　　　　D. 所有类型数据

9. 若a、b、c、d、e均为int型变量，则执行下面语句后的e值是（　　）。

   ```
   a=1; b=2; c=3; d=4;
   e=(a<b)?a:b;
   e=(e<c)?e:c;
   e=(e<d)?e:d;
   ```

   A. 1　　　　B. 2　　　　C. 3　　　　D. 4

三、填空题

1. java语言中算术表达式由算术运算符和_____组成。
2. 在java语言中，布尔数据有两个值_____、_____，不能是1和0。
3. 字符型变量是用来存放字符的，分为_____和_____两类，其中一种诸如"\"。
4. 不同的数据类型运算时要进行类型转换，转换方式有两种：一种是_____，另一种是_____。
5. java的数据类型可以分为_____和引用数据类型两类。
6. 自增自减运算的操作数只能是_____，不能是常量或表达式。

项目四 成绩转换

✎ 项目目标

本章的主要内容是介绍 java 语言的流程控制结构的使用及流程图绘制规范。详细介绍 java 语言选择分支结构 if else 和 switch。重点掌握 if 结构、if else、if else if、嵌套 if 结构和 switch 结构的应用。通过本章的学习，了解流程图规范、选择结构编码注意事项；掌握 Java 程序开发中选择结构的使用方法。

✎ 项目内容

用 Java 语言定义学生和成绩变量，计算学生成绩，并对学生成绩进行判断和转换，大于或等于 90 为"优秀"；大于或等于 80 为"良好"；大于或等于 70 为"中等"；大于或等于 60 为"及格"；小于 60 大于 0 为"不及格"。

任务 学生成绩管理

◇ 需求分析

定义学员和成绩变量，并利用表达式对平均成绩进行计算，利用选择结构进行排序，按名次输出结果。

1. 需求描述

从控制台获取学生成绩，对学生单科成绩进行判断，是否大于 90,或低于 60。

2. 运行结果（如图 4-1、图 4-2 所示）

```
Console 23   Debug
<terminated> StuScore2 [Java Application] C:\Users\Administrator\AppData\Local\MyEclipse Professional\binary\com.sun.java.j
请输入科目成绩（0-100）：
99
优秀
```

图 4-1 "控制台"输出"优秀"效果

图 4-2 "控制台"输出"不及格"效果

✧ 知识准备

1. 技能解析

流程图:以特定的图形符号表示代码流程,表示算法结构的图称为流程图。如表 4-1 所示。

表 4-1 流程图样式汇总

图形	意义	图形	意义
▭	程序开始或结束	▭	执行、计算、处理
◇	判断或分支	▱	输出或输入
↔↕	流程连接线	○	连接点
┄┄	注释		

2. 知识解析

(1) 程序流程　程序代码以固定的执行方式逐行执行,Java 程序流程一般以代码行作为基准,从左至右,从上至下,逐行执行。

(2) 流程控制　在程序流程中,通过个别指令、代码段来控制程序的执行顺序。

(3) 程序调试　程序调试又称"debug",程序中的错误或缺陷通常称为"bug",发现并解决错误和缺陷,称为程序调试。

(4) if 选择结构　if 选择结构是根据条件判断之后再做处理的一种语法结构。

语法:if(条件"true 或 false"){

　　　　代码段

　　　}

流程图:

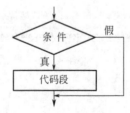

示例:

```
int zhangsan=90;
int lisi=80;
if(zhangsan<lisi){
```

```
        System.out.println("张三的成绩低于李四");
    }
```

（5）复杂条件的 if 选择结构 使用逻辑运算符对多个条件进行判断之后再做处理的一种语法结构。

语法：if（(条件1)"&& || !"(条件2)）{
        代码段
    }

&&：条件1 "&&" 条件2，两个条件同时为真，结果为真，反之为假。

||：条件1 "||" 条件2，两个条件有一个为真，结果为真，反之为假。

!：! 条件，条件为真时，结果为假；条件为假时，结果为真。

流程图：

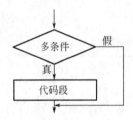

示例：

```
    int zhangsan=90;
    int lisi=80;
    if((zhangsan<lisi)&&(lisi=90)){
        System.out.println("李四的成绩高于张三，李四成绩优秀");
    }
```

（6）if-else 选择结构 if-else 选择结构是根据条件判断为真执行代码段 1，条件判断为假执行代码段 2 的一种语法结构。

语法：if（条件）{
        代码段 1
    }else{
        代码段 2
    }

流程图：

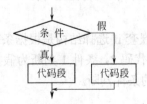

示例：

```
    int zhangsan=90;
```

```
    int lisi=80;
    if(zhangsan<lisi){
        System.out.println("李四的成绩高于张三");
    }else{
        System.out.println("张三的成绩高于李四");
    }
    System.out.println("成绩比较完毕");
```

（7）if-else if 选择结构　if-else if 选择结构是根据条件 1 判断为真执行代码段 1，条件 1 判断为假，判断条件 2，条件 2 为真执行代码 2，条件 2 为假执行代码 3，else if 可以有多个，各条件之间有连续关系，所以 else if 结构的顺序不能随意排列。

语法：if（条件 1）{
　　　　代码段 1
　　}else if（条件 2）{
　　　　代码段 2
　　}else{
　　　　代码段 3
　　}

流程图：

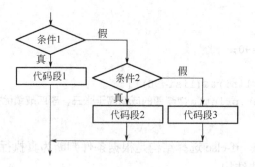

示例：
```
    int zhangsan=85;
    if(zhangsan= =90)
        System.out.println("李四成绩优秀");
    }else if(zhangsan>80){
        System.out.println("李四成绩良好");
    }else{
        System.out.println("李四成绩通过");
    }
```

（8）嵌套 if else 选择结构　嵌套 if 选择结构是根据条件 1 判断为真判断条件 2，条件 2 为真执行代码 1，条件 2 为假执行代码 2，条件 1 判断为假执行代码 3。只有满足外层 if 选择结构的条件时，才会判断内层 if 的条件判断。

语法：if（条件 1）{
　　　　　if（条件 2）{
　　　　　　　代码 1

```
        }else{
            代码 2
        }
    }else{
        代码 3
    }
```
流程图：

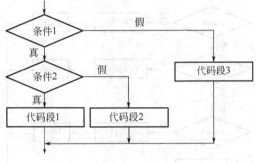

示例：
```
String sex="男";
int zhangsan=95;
if(zhangsan>90){
    if(sex.equals("男")){
        System.out.println("进入男子组决赛");
    }else{
        System.out.println("进入女子组决赛");
    }
}else{
    System.out.println("没获得决赛资格");
}
```

（9）switch 选择结构　先计算并获得小括号里的表达式或变量的值，将表达式的结果顺序与每个 case 后的常量比较，二者相等时，则执行该 case 块中的代码，执行到 break 时，程序跳出 switch 选择结构，执行后续代码，如没有等值的 case 常量，则执行 switch 末尾的 default 块中的代码。

语法：switch（表达式）{
    case 常量 1：
      代码块 1
      break;
    case 常量 2：
      代码块 2
      break;
    case 常量 3：
      代码块 3

```
                    break;
                     ⋮
                default:
                    代码块 n
                    break;
```

流程图：

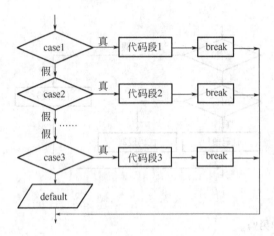

示例：

```
int mingci=1;
switch(mingci){
    case 1:
        System.out.println("冠军");
        break;
    case 2:
        System.out.println("亚军");
        break;
    case 3:
        System.out.println("季军");
        break;
    default:
        System.out.println("没取上名次");
        break;
}
```

◇ **编码实施**

1. 打开 MyEclipse，在 JavaProject 中"src"文件夹的"net.nyjj.www"包下新建一个 StuScore 类，编写如下代码，并调试执行，观察程序流程执行顺序。

（1）代码如下：

```
package net.nyjj.www;
import java.util.Scanner;
public class StuScore {
    /**
```

```
    * if 条件结构
    * StuScore.java
    */
    public static void main(String[] args) {
        Scanner input=new Scanner(System.in);
        System.out.println("请输入科目成绩: ");
        //定义变量
        int i=input.nextInt();
        //if 条件结构判断成绩是否通过
        if(i>60){
            System.out.println("成绩通过！");
        }
        System.out.println("执行完毕！");
    }
}
```

（2）控制台输出如图 4-3 所示。

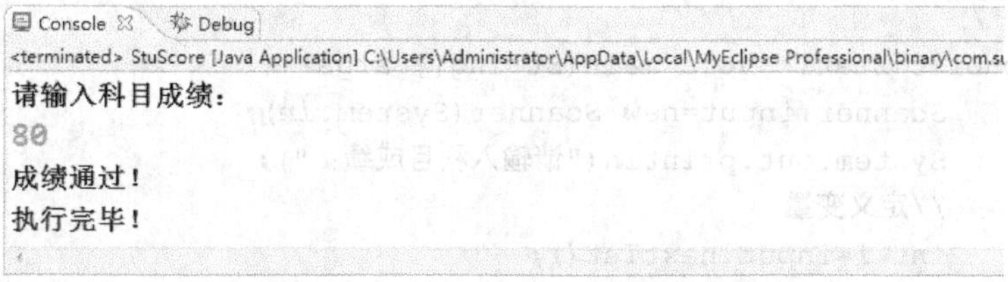

图 4-3 "控制台"输出"成绩通过"效果

2．对代码进行修改，增加复杂条件。

（1）代码如下：

```
package net.nyjj.www;
import java.util.Scanner;
public class StuScore {
    /**
    * if 复杂条件结构
    * StuScore.java
    */
    public static void main(String[] args) {
        Scanner input=new Scanner(System.in);
        System.out.println("请输入科目成绩: ");
        //定义变量
        int i=input.nextInt();
        //if 条件结构判断两个条件是否都为真
        if((i>=90)&&(i<=100)){
            System.out.println("成绩优秀！");
        }System.out.println("执行完毕！");
    }
}
```

（2）控制台输出如图 4-4 所示。

图 4-4 "控制台"输出"成绩优秀"效果

3. 对代码进行修改，增加 else 模块，程序执行流程增加一个分支选择。
（1）代码如下：

```
package net.nyjj.www;
import java.util.Scanner;
public class StuScore3 {
    /**
     * if-else 条件结构
     * StuScore.java
     */
    public static void main(String[] args) {
        Scanner input=new Scanner(System.in);
        System.out.println("请输入科目成绩: ");
        //定义变量
        int i=input.nextInt();
        //if 条件结构判断成绩是否通过
        if(i>60){
            System.out.println("成绩通过！");
        }else{
            System.out.println("成绩没通过");
        }System.out.println("执行完毕！");

    }
}
```

（2）控制台输出如图 4-5 所示。

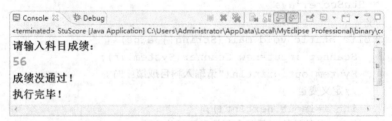

图 4-5 "控制台"输出"成绩没通过"效果

4. 对代码进行修改，增加 else if 模块，程序执行流程增加一个多重分支选择。
（1）代码如下：

```
package net.nyjj.www;
import java.util.Scanner;
```

```
public class StuScore {
    /**
     * if-else if 条件结构
     * StuScore.java
     */
    public static void main(String[] args) {
        Scanner input=new Scanner(System.in);
        System.out.println("请输入科目成绩: ");
        //定义变量
        int i=input.nextInt();
        //if 条件结构判断两个条件是否都为真
        if(i<60){
            System.out.println("成绩没通过! ");
        }else if(i>=90){
            System.out.println("成绩优秀! ");
        }
        System.out.println("执行完毕! ");

    }
}
```

（2）控制台输出如图 4-6、图 4-7 所示。

① 输入低于 60 的成绩，控制台输出如图 4-6 所示。

图 4-6 "控制台"输出"成绩没通过"效果

② 输入高于 90 的成绩，控制台输出如图 4-7 所示。

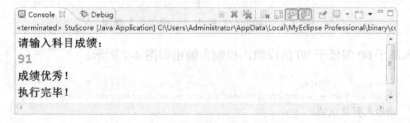

图 4-7 "控制台"输出"成绩优秀"效果

5. 对代码进行修改，增加 if-else 模块，程序执行流程增加一个嵌套分支选择。

（1）代码如下：

```
package net.nyjj.www;
import java.util.Scanner;
```

```java
public class StuScore {
    /**
     * if-else 嵌套结构
     * StuScore.java
     */
    public static void main(String[] args) {
        Scanner input=new Scanner(System.in);
        System.out.println("请输入科目成绩: ");
        //定义变量
        int i=input.nextInt();
        //if 条件结构先判断外层条件为真再判断内层条件
        if(i>60){
            if(i>90){
                System.out.println("成绩优秀! ");
            }else{
                System.out.println("成绩通过! ");
            }
        }else{
            System.out.println("成绩未通过! ");
        }
        System.out.println("执行完毕! ");
    }
}
```

（2）控制台输出如图 4-8、图 4-9 所示：

① 输入高于 90 的成绩，控制台输出如图 4-8 所示。

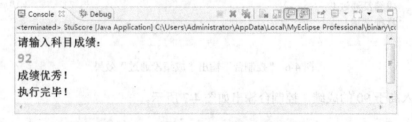

图 4-8 "控制台"输出"成绩优秀"效果

② 输入高于 60 但低于 90 的成绩，控制台输出如图 4-9 所示。

图 4-9 "控制台"输出"成绩通过"效果

6. 新建一个 StuScore1 类，编写 switch 代码，并调试执行。

(1)代码如下:

```java
package net.nyjj.www;
import java.util.Scanner;
public class StuScore1 {

    /**
     * switch 条件结构
     * StrScore1.java
     */
    public static void main(String[] args) {
        Scanner input=new Scanner(System.in);
        System.out.println("请输入科目成绩: ");
        //定义变量
        int score=input.nextInt();
        //判断输入的整型数字是否与 case 后常量一致
        switch(score){
            case 60:
                System.out.println("及格");
                break;
            case 70:
                System.out.println("中等");
                break;
            case 80:
                System.out.println("良好");
                break;
            case 90:
                System.out.println("优秀");
                break;
            default:
                System.out.println("未通过! ");
                break;
        }
    }
}
```

(2)控制台输出如图 4-10、图 4-11 示例。

① 输入科目成绩为 60,控制台输出如图 4-10 所示。

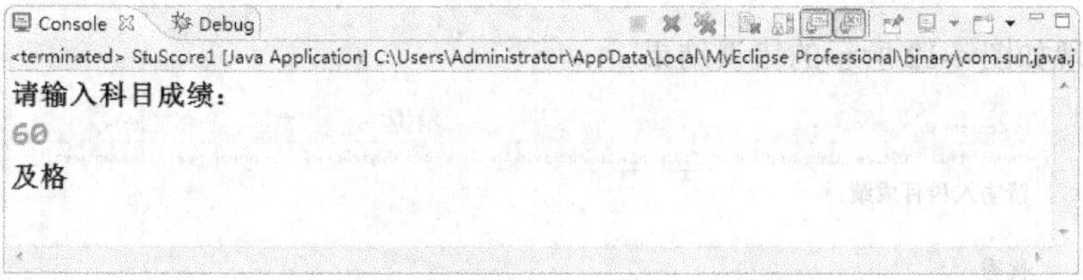

图 4-10 "控制台"输出"及格"转换效果

② 输入科目成绩为 90,控制台输出如图 4-11 所示。

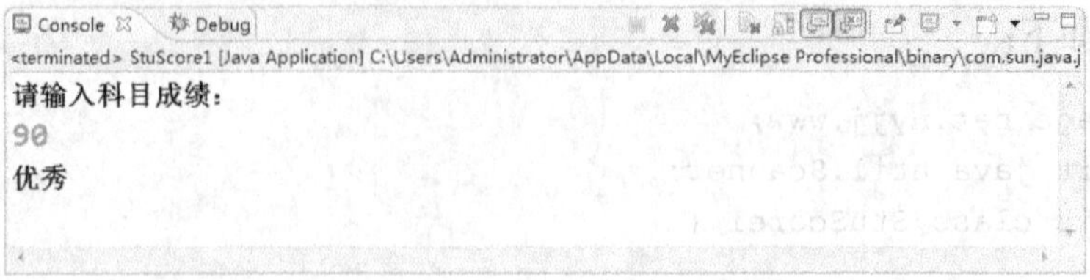

图 4-11 "控制台"输出"优秀"转换效果

◆ 调试运行

1. 对程序代码进行修改，调试运行查看结果：

```java
package net.nyjj.www;
import java.util.Scanner;
public class StuScore1 {

    /**
     * switch 条件结构
     * StrScore1.java
     */
    public static void main(String[] args) {
        Scanner input=new Scanner(System.in);
        System.out.println("请输入科目成绩：");
        //定义变量
        int score=input.nextInt();
        //判断输入的整型数字是否与 case 后常量一致
        switch(score){
          case 60:
              System.out.println("及格");
          case 70:
              System.out.println("中等");
          case 80:
              System.out.println("良好");
          case 90:
              System.out.println("优秀");
          default:
              System.out.println("未通过！");
        }
    }
}
```

程序出现如图 4-12 所示的错误结果。

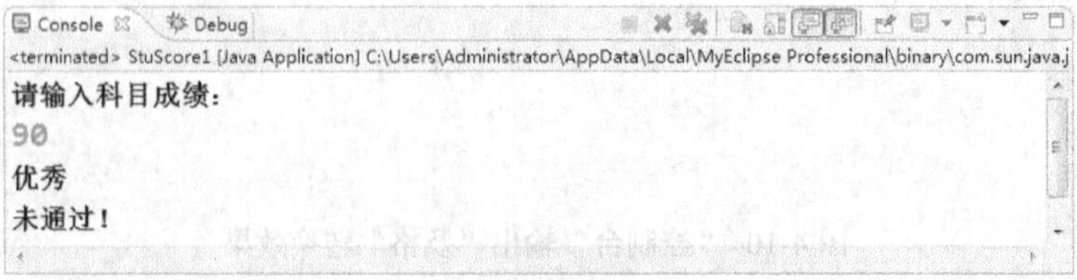

图 4-12 "控制台"输出"优秀"及"未通过"效果

由此可看出 break 语句的重要性，程序选择正确的分支后，需要由 break 语句实现跳出，否则其后的语句都将被顺序执行。

2．对程序代码进行如下测试，不输入 case 部分对应的值，调试结果如下所示：程序出现如图 4-13 所示的错误结果"未通过"。

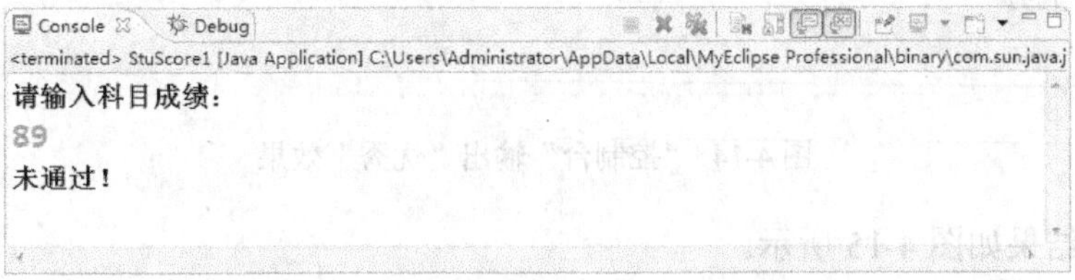

图 4-13 "控制台"输出"未通过"效果

通过观察代码，不难发现，switch 结构不适合对连续区间进行选择。对于连续区间的选择分支最好使用 if-else if 结构。

◆ 维护升级

对程序代码进行如下修改，使用 if-else if 结构实现连续区间选择。
程序代码如下：

```java
package net.nyjj.www;
import java.util.Scanner;
public class StuScore2 {

    /**
     * if-else if 条件结构
     * StrScore2.java
     */
    public static void main(String[] args) {
        Scanner input=new Scanner(System.in);
        System.out.println("请输入科目成绩（0-100）：");
        //定义变量
        int score=input.nextInt();
        //将（0-100）之间的整型数字转换为五级制格式
        if(score>0&&score<60){
            System.out.println("不及格");
        }else if(score<70){
            System.out.println("及格");
        }else if(score<80){
            System.out.println("中等");
        }else if(score<90){
            System.out.println("良好");
        }else{
            System.out.println("优秀");
        }

    }
}
```

程序运行结果如图 4-14 所示。

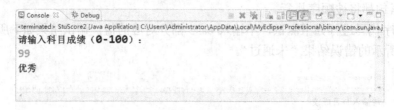

图 4-14 "控制台"输出"优秀"效果

程序运行结果如图 4-15 所示。

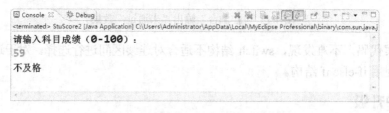

图 4-15 "控制台"输出"不及格"效果

思考一下如将上面程序代码条件中的"<"号都变为">",对程序有影响么？

项目实训与练习

一、操作题

1. 编写程序，判断某年是否为闰年。
2. 编写程序，判断是否为偶数。
3. 编写程序，求三个整型数据的最大值。
4. 根据客户 vip 等级，计算客户实际消费金额。

等　　级	折扣率/%	等　　级	折扣率/%
1	1	4	15
2	5	5	20
3	10		

二、选择题

1. 下列关于多重 if 结构的说法正确的是（　　）。
   A. 多个 else if 块之间的顺序可以改变，改变之后对程序的执行结果没有影响
   B. 多个 else if 块之间的顺序可以改变，改变之后可能对程序的执行结果有影响
   C. 多个 else if 块之间的顺序不可以改变，改变之后程序编译不能通过
   D. 多个 else if 块之间的顺序不可以改变，改变后程序编译可以通过
2. 下列有关 switch 的说法，正确的是（　　）。（选两项）
   A. switch 结构可以完全替代多重 if 结构
   B. 条件判断为等值判断，并且判断的条件为字符串时，可以使用 switch
   C. 条件判断为等值判断，并且判断的条件为字符时，可以使用 switch

D. 条件判断为等值判断，并且判断的条件为整型变量，可以使用 switch

3. 下列语句执行后，k 的值是（   ）。

```
int i=3, j=5, k=9, m=6
if(i>j||k>m){
    k++;
}else{
    k--;
}
```

A. 5   B. 10   C. 9   D. 8

4. 下列语句执行后，k 的值是（   ）。

```
int i=6, j=10, k=5;
switch(i%j){
    case 0: k=i*j;
    break;
    case6: k=i/j;
    break;
    case 10: k=i+j;
    break;
    default: k=i+j+j;
    break;
}
```

A. 60   B. 5   C. 0   D. 22

5. 声明 int i=1，下列（   ）是合法的条件语句。
　　A. if（a）{ }   B. if（a<<=2）{ }
　　C. if（a=2）{ }   D. if（false）{ }

6. 在 java 语言中，用作判断条件的表达式为（   ）。
　　A. 任意表达式   B. 逻辑表达式
　　C. 关系表达式   D. 算术表达式

7. 有 else if 块的选择结构是（   ）。
　　A. 基本 if 选择结构   B. if-else 选择结构
　　C. 多重 if 选择结构   D. switch 选择结构

8. 下面不属于 java 分支结构的是（   ）。
　　A. if-else if 结构   B. if-else 结构
　　C. if-else if-else 结构   D. if-end if 结构

9. 已知 i 为整型变量，关于++i 和 i++下列说法正确的是（   ）。
　　A. ++i 会报错
　　B. 在任何情况下运行程序结构都一样
　　C. 在任何情况下运行程序结构都不一样
　　D. 在任何情况下 i 的值都加 1

10. 在 switch 中，条件表达式不能使用哪种类型的值（   ）。
　　A. 整型   B. 接口型   C. 字符型   D. 实型

项目五

循环录入学生成绩

✎ 项目目标

本章的主要内容是介绍 Java 语言的流程控制循环结构的使用及注意事项。详细介绍 Java 语言 while、do while、for 结构。重点掌握循环结构的应用。通过本章的学习，了解循环语句的结构、循环结构编码注意事项；掌握 Java 程序开发中循环结构的使用方法。

✎ 项目内容

用 Java 语言描述录入学生姓名，学生的三门课程成绩，统计大于 80 的课程有几科，并验证输入的数据是否小于 0 分。

任务　循环录入姓名及成绩

◇ 需求分析

分析项目需求，设置循环结构依次录入三门课成绩，并编写公式及条件格式进行计算和累加。

1. 需求描述

声明姓名、课程变量并由接收用户输入的方式进行赋值，使用循环结构，循环接收用户输入的三门课程的值，进行判断后，实现大于 80 分的数量统计。

2. 运行结果（如图 5-1、图 5-2 所示）

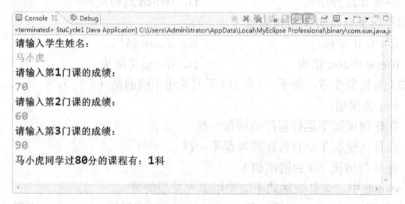

图 5-1 "控制台"数据正确输出效果

图 5-2 "控制台"数据错误输出效果

✧ 知识准备

1. 技能解析

循环结构：在满足一定条件下，反复进行相同或类似的一系列操作，称为循环结构。

2. 知识解析

（1）while 循环结构

语法：while（循环条件）{
　　　　代码段
　　　}

流程图：

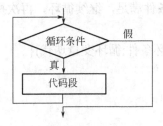

示例：

```
//定义变量
int i=0;
//使用 while 循环结构输出 5 遍"我爱编程！"
While(i<5){
    System.out.println("我爱编程！")
    i++;
}
```

while 循环结构的执行顺序如下：

① 声明并初始化循环变量；

② 判断循环条件是否满足，如满足条件则执行循环操作，否则退出循环；

③ 循环结构内的代码段执行完毕后，再次判断循环条件，判断是否继续循环。

（2）do-while 循环结构

语法：do{
　　　　代码段
　　　}while(循环条件);

流程图：

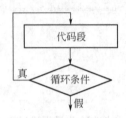

示例：

```
//定义变量
int i=0;
//使用 while 循环结构输出 5 遍"我爱编程!"
do{
    System.out.println("我爱编程!")
    i++;
}while(i<5);
```

do-while 循环结构的执行顺序如下：
① 声明并初始化循环变量；
② 执行循环结构内部代码段；
③ 判断循环条件，如循环条件满足，继续循环，再次执行代码段内容，否则退出循环。

（3）for 循环结构

语法：for(初始循环变量;循环条件;循环变量迭代){
    代码块
    }

流程图：

示例：

```
//使用 for 循环结构输出 5 遍"我爱编程!"
for(int i=0;i<5;i++){
    System.out.println("我爱编程!");
}
```

for 循环结构的执行顺序如下：
① 声明并初始化循环变量；
② 判断循环条件，如条件为真，执行代码段，否则跳出循环；
③ 条件为真时，执行完代码段后，执行循环变量迭代部分，改变循环变量值；
④ 继续判断循环条件，直到条件不满足跳出循环为止。

◆ **编码实施**

1. 打开 MyEclipse，在 JavaProject 中"src"文件夹的"net.nyjj.www"包下新建一个 StuCycle 类，编写简单循环代码，并调试执行，观察程序运行结果，先了解和掌握基本循环结构的编码。

（1）代码如下：

```
package net.nyjj.www;

public class StuCycle {
    /**
     * while 循环结构
     * StuCycle.java
     */
    public static void main(String[] args) {
        int sum=0;
        // 定义循环变量
        int i=0;
        while(i<50){
            sum=sum+i;
            i=i+2;
        }
        System.out.println("50 以内的偶数和"+sum);

    }
}
```

（2）控制台输出如图 5-3 所示。

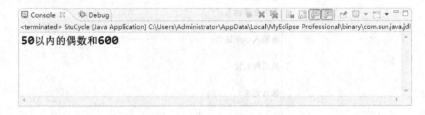

图 5-3 "控制台"输出计算结果

2. 新建一个 StuCycleName 类，开始编写学生成绩循环录入效果，编写如下代码，并调试执行，观察程序运行结果。

(1) 代码如下：

```java
package net.nyjj.www;

import java.util.Scanner;

public class StuCycleName {
    /**
     * while 循环录入学生姓名
     */
    public static void main(String[] args) {
        Scanner input=new Scanner(System.in);
        String name="";
        System.out.println("是否开始输入：");
        // 定义循环变量
        String answ=input.next();
        while("y".equals(answ)){
            System.out.println("请输入学生姓名：");
            name=input.next();
            System.out.println("是否继续输入：");
            answ=input.next();

        }
        System.out.println("输入完毕！");

    }

}
```

(2) 控制台输出如图 5-4 所示。

图 5-4 "控制台"输出"while"循环录入学生姓名效果

3. 对代码进行修改，将 while 循环结构更改为 do-while 循环结构，执行程序，观察程序执行顺序。

(1) 代码如下：

```java
package net.nyjj.www;

import java.util.Scanner;

public class StuCycleName {

    /**
     * while 循环录入学生姓名
     */
    public static void main(String[] args) {
        Scanner input=new Scanner(System.in);
        String name="";
        // 定义循环变量
        String answ="";
        //do-while 结构实现循环输入
        do{
            System.out.println("请输入学生姓名：");
            name=input.next();
            System.out.println("是否继续输入：");
            answ=input.next();
        }while("y".equals(answ));

        System.out.println("输入完毕！");

    }

}
```

(2) 控制台输出如图 5-5 所示。

图 5-5 "控制台"输出"do-while"循环录入学生姓名效果

while 循环结构和 do-while 循环结构之间的区别：
① 两种循环结构代码段位置不同；
② do-while 循环结构是先执行后判断，while 循环结构是先判断后执行；

③ 如果循环条件不满足，do-while 循环的代码段至少执行一次，while 循环的代码段一次都不执行。

4. 新建一个 StuCycle1 类，编写如下代码，并调试执行，观察程序运行结果。

（1）代码如下：

```java
package net.nyjj.www;

import java.util.Scanner;

public class StuCycle1 {
    /**
     * for 循环结构循环输入三门课成绩，并计算总分平均分
     * StrCycle1.java
     */
    public static void main(String[] args) {
        Scanner input=new Scanner(System.in);
        int score=0;
        int sum=0;
        double avg=0;
        System.out.println("请输入学生姓名：");
        String name=input.next();
        //使用 for 循环结构，定义循环变量初值，循环条件及循环变量的迭代
        for(int i=0; i<3; i++){
            System.out.println("请输入第"+(i+1)+"门课的成绩：");
            score=input.nextInt();
            sum=score+sum;
        }
        avg=sum/3;
        System.out.println(name+"同学三门课程的总成绩是："+sum+"\n"+name+"同学三门课程的平均分是："+avg);
    }
}
```

（2）控制台输出如图 5-6 所示。

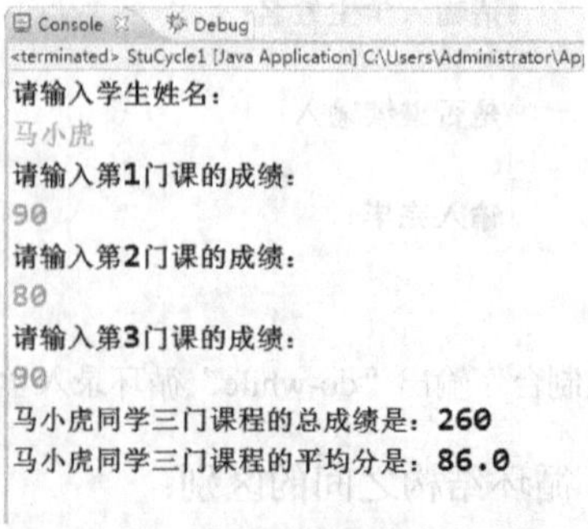

```
Console    Debug
<terminated> StuCycle1 [Java Application] C:\Users\Administrator\Ap
请输入学生姓名：
马小虎
请输入第1门课的成绩：
90
请输入第2门课的成绩：
80
请输入第3门课的成绩：
90
马小虎同学三门课程的总成绩是：260
马小虎同学三门课程的平均分是：86.0
```

图 5-6 "控制台"输出循环录入成绩并计算效果

✧ 调试运行

修改 StuCycle1 类，编写如下代码，并调试执行，观察程序运行结果。

（1）代码如下：

```java
package net.nyjj.www;

import java.util.Scanner;

public class StuCycle1 {

    /**
     * for 循环结构循环输入三门课成绩，并计算总分平均分
     * StrCycle1.java
     */
    public static void main(String[] args) {
        Scanner input=new Scanner(System.in);
        int score=0;
        int num=0;
        System.out.println("请输入学生姓名：");
        String name=input.next();
        //使用 for 循环结构，定义循环变量初值，循环条件及循环变量的迭代
        for(int i=0; i<3; i++){
            System.out.println("请输入第"+(i+1)+"门课的成绩：");
            score=input.nextInt();
            if(score<0){
                break;
            }else if(score<80){
                continue;
            }
            num++;
        }
        if(score>0){
            System.out.println(name+"同学过 80 分的课程有："+num+"科");
        }else{
            System.out.println("成绩输入有误！");
        }
    }
}
```

（2）控制台输出如图 5-7、图 5-8 所示。

break 和 continue 的区别：

① break 语句用于终止某个循环，使程序跳到循环之外，循环结构中 break 后的代码段不再执行，循环也停止执行；

② continue 语句是用于跳出本次循环，进入下一次循环。

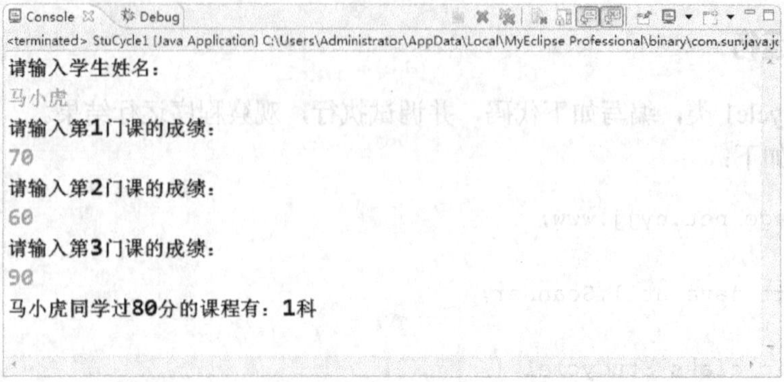

图 5-7 "控制台"输出"for"循环录入学生姓名及成绩效果

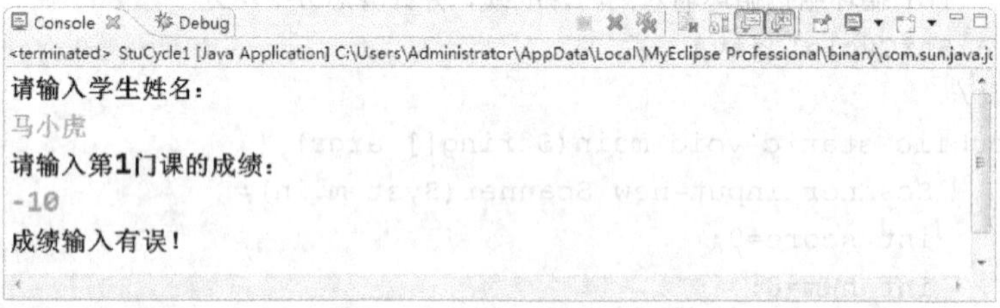

图 5-8 "控制台"输出"for"循环录入错误成绩效果

✧ 维护升级

1. 为加深了解循环结构的应用,编写另一需求九九乘法表的代码,在 JavaProject 中"src"文件夹的"net.nyjj.www"包下新建一个 NumTable 类,编写新代码,即在声明中,连续声明两个变量并用赋值连接,代码如下所示:

```
package net.nyjj.www;

public class NumTable {

    /**
     * 九九乘法表
     * NumTable.java
     */
    public static void main(String[] args) {
        // 定义两个循环变量并赋予初值
        int i,j=1;
        int row=9;
        for( i=1; i<=row; i++){
            for(j=1; j<=i; j++){
                System.out.print(j+"*"+i+"="+j*i+"  ");
            }
            System.out.print("\n");
        }
```

代码执行效果如图 5-9 所示。

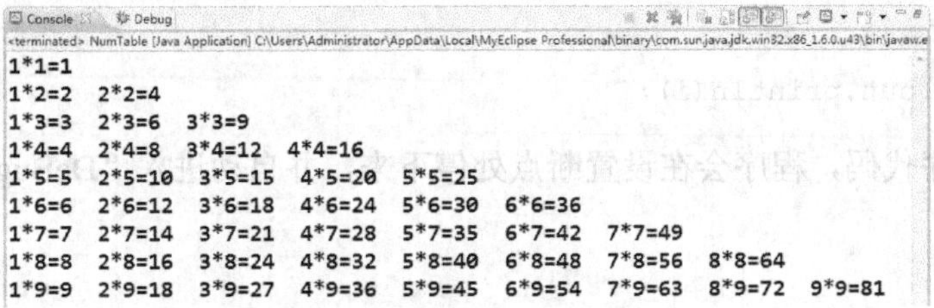

图 5-9 "控制台"输出九九乘法表效果

2．循环结构如果思考不周，编写不当极容易出现问题，遇到编码问题可以使用 Debug 工具进行调试，使用 while 循环编写一个新的程序，观察程序运行结果。

（1）创建类 StuCycleTest.java，编写程序代码如下：

```java
package net.nyjj.www;

public class StuCycleTest {
    /**
     * 使用while循环结构输出连续的5个数字
     * StuCycleTest.java
     */
    public static void main(String[] args) {
        // 声明循环变量
        int i=1;
        //while循环结构，循环输出i的值
        while(i<5){
            System.out.println(i);
            i++;
        }
    }
}
```

（2）控制台出现如图 5-10 所示的错误结果。

图 5-10 "控制台"输出错误效果

通过以上程序发现，程序没有输出"5"，查找原因，可以通过 MyEclipse 的"调试"功能来解决这个问题。

① 首先分析编码，设置程序断点，程序在输出"i"值上出错在"System.out. println(i);"这行语句上，设置断点，在代码编辑区左侧边框处，双击鼠标左键，出现圆形的"断点"标记，如下图所示。

```
System.out.println(i);
```

② 运行程序代码，程序会在设置断点处停下来，并自动进入"DeBug"调试模式，如图 5-11 所示。

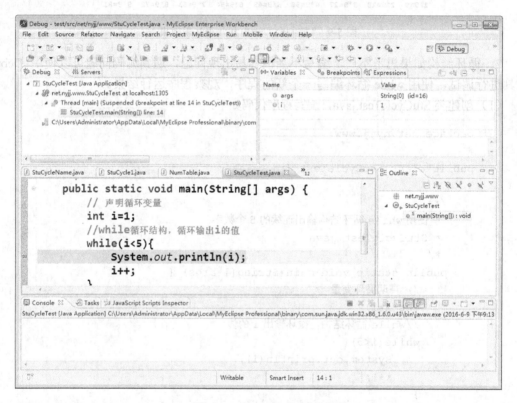

图 5-11 "Debug"主界面

③ 观察程序运行状态，可看到循环变量 i 当前的值。
④ 按"F6"逐行执行程序语句，执行过程中，观察循环变量的变化，如图 5-12 所示。

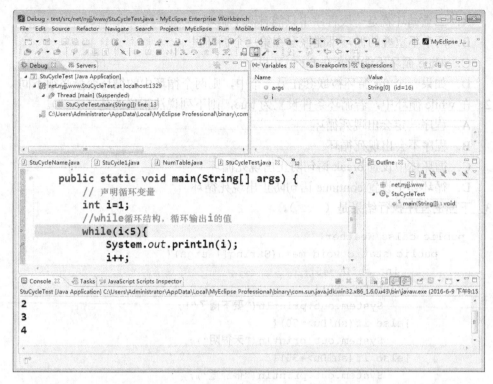

图 5-12 "Debug" 主界面中观察循环变量 i 的变化

⑤ 至此找到问题所在，循环变量定义的初值与循环条件有故障，故此只能循环 4 次，找到问题，继而解决问题。

项目实训与练习

一、操作题

1. 编写程序，输出 1~100 之间的所有奇数。
2. 编写程序，判断 2000~2050 年之间哪些年是闰年。
3. 编写程序，打印如下图案，用户可输入图案输出的行数。

   1
   1 2
   1 2 3
   1 2 3 4
   1 2 3 4 5

4. 编程实现：在一个大笼子里关着一些鸡和兔，总共有 36 个头，共有 100 条腿，鸡兔各有多少只？
5. 编程实现：有三个班级各三名学生参加考试，从控制台输入每个班级的学生成绩，要求统计出三个班级所有学生中成绩大于 85 分的学生平均分。

二、选择题

1. 下列说法中正确的是（　　）。

A. 二重循环就是一段程序中只能有两个循环
B. 两个不重叠的循环不能嵌套在第三个循环里
C. while 循环不能嵌套在 for 循环里
D. 如果一个 for 循环被嵌套在另一个中，则两个循环中的循环变量必须不同

2. 在 while 循环中，若循环条件设置为 true，则下列说法正确的是（   ）。
A. 程序一定会出现死循环
B. 程序不会出现死循环
C. 循环体中设置 break 语句防止出现死循环
D. 循环体中设置 continue 语句防止出现死循环

3. 下面的程序执行结果是（   ）。

```
public calss Weather{
    public static void main(String[] args){
        int shiDu=45;
        if(shiDu>=80){
            System.out.println("要下雨了");
        }else if(shiDu>=50){
            System.out.println("天很阴");
        }else if(shiDu>=30){
            System.out.println("很舒适");
        }else if(shiDu>=0){
            System.out.println("很干燥");
        }
    }
}
```

A. 要下雨了　　　　B. 天很阴　　　　C. 很舒适　　　　D. 很干燥

4. 运行下面的程序将输出（   ）次"我爱中国！"。

```
public class China{
    public static void main(String[] args){
        int i=1;
        do {
            System.out.println("我爱中国！");
        }while(i<5);
    }
}
```

A. 4　　　　　　　　　　　　B. 5
C. 0　　　　　　　　　　　　D. 死循环，将不断地输出"我爱中国！"

5. 阅读下面的程序，输出结果是（   ）。

```
public class China{
    public static void main(String[] args){
        int i=2;
        do {
            if(i%2==0){
                System.out.println("*");
```

```
        }else{
            System.out.println("#");
        }
        i++;
    }while(i<7);
}
```

  A. ***　　　　　　B. #*#*#　　　　　　C. *#*#*　　　　　　D. *

6. 设有如下程序段。

```
int k=10;
while(k==0){
    k=k-1;
}
```

下面描述正确的是（　　）。

  A. while 循环执行 10 次　　　　　　B. 死循环，将一直执行下去
  C. 循环一次也不执行　　　　　　　　D. 循环将执行 1 次

7. 不论循环条件判断的结果是（　　），循环将至少执行一次。

  A. do　　　　　B. do-while　　　　　C. for　　　　　D. 以上都不是

8. 以下代码的输出结果是（　　）。

```
public static void main(String[] args){
    for(int i=1;i<=10;i++){
        if(i%2==0||i%5==0){
            continue;
        }
        System.out.print(i+"\t");
    }
}
```

  A. 1　　　　　B. 134　　　　　C. 13579　　　　　D. 1379

9. 下面有关 for 循环的描述正确的是（　　）。

  A. for 循环只能用于循环次数已经确定的情况
  B. for 循环是先执行循环体语句，后进行条件判断
  C. 在 for 循环中，不能使用 break 语句跳出循环体
  D. 在 for 循环体语句中，可以包含多条语句，但要用大括号括起来

10. （　　）什么表达式不可以作为循环条件。

  A. i=5　　　　　　　　　　　　　　B. i<5
  C. bEqual=str.equals("q")　　　　　D. count=i

项目六

彩票中奖号码的实现

项目目标

本章的主要内容是介绍java语言的数组、方法及在程序中的应用,详细介绍java语言中数组的使用与方法的应用,重点对方法参数传递的应用进行了较全面的介绍。通过本章的学习,了解数组的声明、初始化;掌握数组的应用;掌握方法的声明、作用域的应用;了解方法的类型;熟练使用方法解决实际问题。

项目内容

用java语言实现彩票抽奖程序,将输出最终的中奖彩票号码。

java语言程序通过不同类型数组和方法来处理某一组数据。通过本项目的学习,可以学会使用各种数据类型数组和方法进行简单java程序的设计并掌握数组方法的应用。本项目需要通过将问题分解由以下任务来完成。

任务一 认识数组及创建数组

◇ 需求分析

用java语言描述和显示彩票中奖号码,不允许号码中有重复数字。

1. 需求描述

彩票中奖号码通过程序实现,要随机产生,号码要相同的存储类型,如何产生和存储它们,根据以上信息,实现随机数、数组在java语言中的表示、实现形式;实现随机数的控制台输出,认识数组的类型特点及定义形式。

2. 运行结果(见图6-1)

```
Problems  Javadoc  Declaration  Console ⊠
<terminated> Lottery [Java Application] D:\Program Files\MyEclipse 5.5.1 GA\jre\bin\javaw.exe (2015-6-3 上午11:30:03)
彩票开奖结果为:
前区: 5 10 1 28 11        后区: 5 12
```

图6-1 彩票开奖结果显示

项目六 彩票中奖号码的实现

◇ 知识准备

1. 技能解析

一维数组的定义、引用方式及应用，随机数在彩票号码形成过程中的应用。

本任务中，彩票号码需要前区和后区两个区，前区 5 位数字，是 1～35 范围随机产生的彩票号码，后区 2 位数字，是 1～12 范围随机产生的彩票号码，将两组随机数每个号码保存到数组中。声明一个一维数组 arr_1[]存储前区的 5 位数字、声明另一个数组 arr_2[]存储后区的 2 位数字，代码如下：

```
int arr_1[]=new int [5],arr_2[]=new int [2];
```

前区每位数字都在 1～35 之间，利用随机数产生该范围的数字，代码如下：

```
arr_1[0]=1+(int)(Math.random()*35);
```

其中，Math.random()产生 0～1 之间的随机数，并不是整数，若产生 0～100 之间的随机数，将用 Math.random()*100 实现，产生的也都是非整数，为了实现整数的获取，采用强制类型转换，将所有随机数转换为整数。同理，另外 4 位彩票号码也用相同方式产生，代码如下：

```
arr_1[1]=1+(int)(Math.random()*35);
arr_1[2]=1+(int)(Math.random()*35);
arr_1[3]=1+(int)(Math.random()*35);
arr_1[4]=1+(int)(Math.random()*35);
```

或者，使用循环结构，实现循环 5 次产生 5 位随机数字存于数组中。

```
for(int i=0;i<arr_1.length;i++){
    arr_1[i]=1+(int)(Math.random()*35);
}
```

对于后区两位彩票号码的形成，用循环方式实现，代码与上述形式相同。

```
for(int i=0;i<arr_2.length;i++){
    arr_2[i]=1+(int)(Math.random()*12);
}
```

2. 知识解析

程序开发过程中用到许多类型不同的变量或数据，也会用到许多类型相同的且相互存在联系的变量或数据，对于前者适合分别依据需要的类型申请不同的变量来存储数据，而对于后者更适合采用数组来描述和存储。在 java 中数组是一种复合数据类型，是有序数据的集合，数组中每个元素具有相同的数据类型（基本数据类型或引用数据类型），可以用一个统一的数组名和下标来唯一地确定数组中的元素。实际开发过程中最常用的是一维数组，一般而言，一维数组型变量使用前要经历数组的声明、数组的创建（开辟空间）、数组的初始化等操作。

（1）数组的声明　数组也是一种变量存储类型，所有变量在使用前都要先声明，数组也类似，其两种声明语法格式如下：

```
数组元素类型 数组名称[];
数组元素类型[] 数组名称;
```

声明中，数组元素类型的作用：规定了数组的数据类型，可以是 java 中的基本数据类型或引用数据类型。

数组名称，作为数组中每一个元素的共有的名称，是一个符合 java 标识符命名规则的任意名称。

符号"[]"，用于区别普通变量与数组变量的关键符号，确定被声明的变量是数组类型变量，一维数组有一个"[]"。

一维数组声明代码如下：

```
int my_array[];
String[] my_str;
```

数组在声明中并没有指定长度，即在符号"[]"中没有写入数字。此时只声明了数组的类型、名字，还不能为其中某个元素赋予一个具体的值，也不能引用数组元素。只有开辟了数组空间后才能真正使用数组元素。

（2）数组的创建　数组的创建也就是为数组元素开辟（分配）空间。分配给数组内存空间的语法格式如下所示：

数组名称 = new 数组元素类型[数组元素个数];

为数组开辟空间的代码如下所示：

```
my_array = new int[10];
my_str = new String[6];
```

以上代码中 my_array 变量被分配了 10 个 int 长度的元素内存空间，数组的长度为 10，也是数组元素的个数，同时，数组元素在内存空间中引用的下标是从 0 开始的，最后一个元素下标值是长度减 1，即为 9。

对于字符串数组变量 my_str，已被分配 6 个 String 类型长度的内存空间，其数组长度为 6，其数组元素被引用时的下标从 0 到 5。

注意

使用 new 为数组分配内存空间时，数组中每个元素的值都是默认值，依据类型不同默认值不同，如数组元素类型为 int，则默认初始值为 0，如数组元素类型为 String 则默认值为 null。

另外，声明数组和开辟空间不一定要分开操作，也可以在声明数组的同时分配空间，语法格式如下：

数组元素类型 数组名称[] = new 数组元素类型[数组元素个数];

声明并创建一维数组代码如下所示：

```
int my_array[] = new int[10];
```

这种数组创建格式在开发中也经常使用，需要注意的是，无论哪种格式声明数组，都不能在声明时在前部的"[]"符号中添加任何内容，否则会出现如图 6-2 所示的编译错误。

```
// TODO Auto-generated method stub
int my_array[10] = new int[10];
my_array[0] = 5;
my_array[1] = 7;
System.out.println("my_array[0] = "+my_array[0]);
System.out.println("my_array[1] = "+my_array[1]);
```

图 6-2 数组声明前部 "[]" 中添加数字编译错

（3）数组的初始化　数组与基本类型变量一样，都可以执行初始化操作，数组的初始化分为三种类型的初始化，分别是静态初始化、动态初始化、复合类型数组元素初始化。

① 静态初始化　在数组被声明的同时就给定了数组元素的初始值，这种操作就是数组的初始化，数组的初始化完成了数组的一次性全体元素的赋值，同时也确定了数组的长度。

数组的静态初始化语法格式为：

数组元素类型　数组名称[] ＝ {值1,值2,……,值 n};
数组元素类型　数组名称[] ＝ new 数组元素类型[]{值1,值2,……,值 n };

数组静态初始化代码如下：

```
int my_array0[] = {4,3,2,1};
int my_array[] = new int[]{1,2,3,4};
```

以上数组初始化实现的过程是，通过把用逗号间隔开来的数组元素用花括号括起来，对数组整体赋值，系统根据元素的个数确定数组的长度，也依据花括号中元素的各个值来指定数组元素的值。

对于数组中元素 my_array[0]值就是 1，my_array[1]值就是 2，依次分配，my_array[2]值是 3，my_array[3]值是 4，数组 my_array 的长度是 4。

以上两种形式的初始化，可以省略 new 运算符和数组长度，即第二种可以简化为第一种形式，编译器会自动依据数组元素个数来确定数组长度，并创建数组、分配每个数组元素的值。

在程序编写中，值的类型一般要和数组声明的类型一致，或者可以自动进行数据类型转换。静态初始化一般适用于数组元素个数不多，初始值可穷举或定数的情况。

② 动态初始化　动态初始化是声明和赋值分开，先声明数组的名称和类型（有时包括长度），系统分配声明类型的空间，同时系统自动为数组中的每个元素赋予默认初始值。动态初始化允许不必与数组声明一起，允许重新初始化一个数组。

动态初始化的语法格式如下：

数组元素类型　数组名称[] ＝ new 数组元素类型[数组长度];

动态初始化代码如下：

```
int my_array[] = new int[5];        //第一种情况
char my_charr[] ;                   //第二种情况
my_charr = new char[5];
```

以上两种情况的动态初始化，my_array 数组中每个元素初始默认值为 0，my_char 数组中每个元素初始默认值为 "0"，如果数组有 float 类型，则初始默认值为 0.0，复合数据类型的数组，其每个元素的初始默认值为 null，布尔类型数组的初始默认值是 false。

动态数组初始化使用 new 关键字，在 new 关键字后的数据类型要与前面声明的类型相一致，符号"[]"中必须指定数组的长度，该长度必须为整型，可以是整型变量也可以是整型常量，但不能是长整型 long 类型。实际编程中，可以先声明再进行动态初始化分配空间，如第二种情况。

③ 复合类型数组元素的初始化　声明数组类型为复合数据类型时，如数组声明为 String 类型时，初始化必须要经过两个步骤实现。

第一步，声明数组，为数组指定名称、类型、长度，开辟指定长度的空间。

格式：

数组元素复合数据类型 数组名称[] = new 数组元素复合数据类型[数组长度]

第二步，为每个复合类型的数组元素开辟空间，进行动态初始化操作。

格式：

```
数组名称[0] = new 数组元素复合数据类型(参数);    //参数可有可无
数组名称[1] = new 数组元素复合数据类型(参数);    //参数可有可无
……
数组名称[数组长度-1] = new 数组元素复合数据类型(参数);    //参数可有可无
```

复合数据类型数组的初始化代码如下：

```
String str[]= new String[3];
str[0] = new String("my first String");
str[1] = new String("my second String");
str[2] = new String("my third String");
```

一般情况下，复合数据类型的数组都要经过这两步来实现。String 类是比较特殊的复合数据类型，String 这种类型的数组可以把第二步简写成以下操作，而其他复合数据类型的数组是不可以的。改写代码如下：

```
str[0]= "my first String";
str[1]=" my second String";
str[2]=" my third String";
```

（4）一维数组的使用　在 java 中对数组元素的使用是通过数组名称和数组下标共同引用实现的，格式如下：

数组名[下标];

下标最小值数值为 0，最大数值为数组长度（数组元素个数）减 1。其引用示例代码如下所示：

```
my_array[0] = 5;
System.out.println("my_array[0] = "+my_array[0]);
```

以上代码表示，将数组 my_array 中的第一个元素 my_array[0]赋予的值为 5，并打印输出数组 my_array 中的第一个元素的值。

数组在使用时，不能对数组名称的整体赋值，如 my_array=5;需要对数组的每个元素进行逐一赋值，否则会产生图 6-3 所示编译错误。

编译器通知，不能将一个整型数值赋给一个数组，需要在数组后面加下标来实现某个指定数组元素的赋值操作。

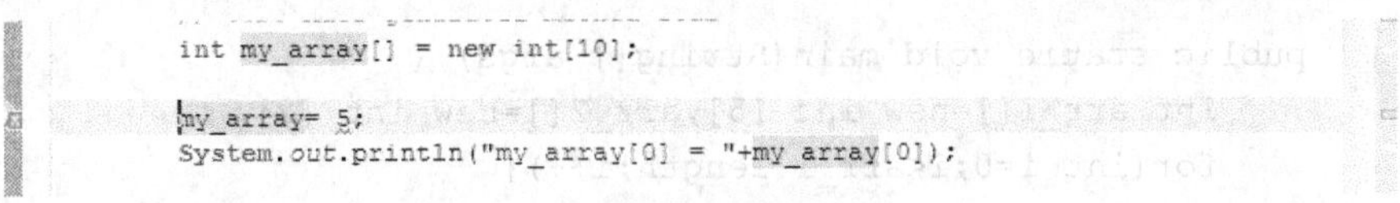

```
int my_array[] = new int[10];
my_array= 5;
System.out.println("my_array[0] = "+my_array[0]);
```

图 6-3　数组名称整体赋值编译错

❖ **编码实施**

1. 创建 ArrayApp 包,创建 ArrayToLottery 类,在主方法中定义彩票前区号码(随机数)存储区,arr_1[]数组为整型,该前区号码有 5 位随机数字,每一位都是 1 到 35 之间的随机数字。将彩票前区号码于控制台输出显示。

(1)代码如下:

```
package ArrayApp;

public class ArrayToLottery{
    /**
     * @param args
     */
    public static void main(String[] args) {
        int arr_1[]=new int [5];
        for(int i=0;i<arr_1.length;i++){
            arr_1[i]=1+(int)(Math.random()*35);
        System.out.println("彩票开奖结果为: ");
        System.out.print("前区: ");
        for(int i=0;i<arr_1.length;i++)
            System.out.print(arr_1[i]+" ");
        }
    }
}
```

(2)控制台输出如图 6-4 所示。

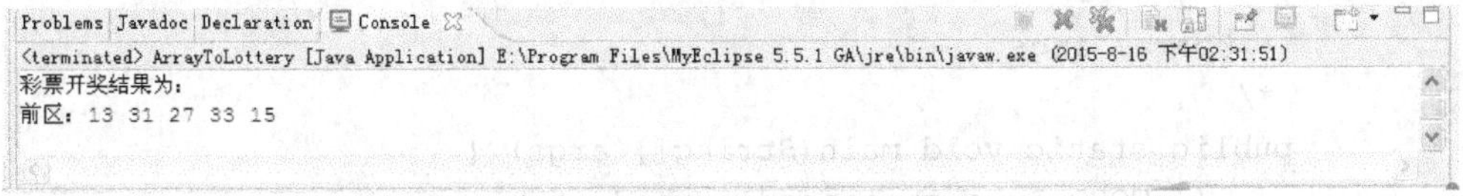

```
彩票开奖结果为:
前区: 13 31 27 33 15
```

图 6-4　彩票中奖号码前区显示

2. 对代码增加彩票后区号码存储区定义,arr_2[]数组为整型,由两位随机数字组成,实现后区随机数字的产生,每位是 1 到 12 之间的数字。将彩票号码于控制台显示输出。

(1)代码如下:

```
package ArrayApp;

public class ArrayToLottery {
    /**
     * @param args
     */
```

```java
public static void main(String[] args) {
    int arr_1[]=new int [5],arr_2[]=new int [2];
    for(int i=0;i<arr_1.length;i++){
        arr_1[i]=1+(int)(Math.random()*35);
    for(int i=0;i<arr_2.length;i++){
        arr_2[i]=1+(int)(Math.random()*12);
    System.out.println("彩票开奖结果为：");
    System.out.print("前区：");
    for(int i=0;i<arr_1.length;i++)
        System.out.print(arr_1[i]+" ");
    System.out.print("\t 后区：");
    for(int i=0;i<arr_2.length;i++)
        System.out.print(arr_2[i]+" ");
    }
}
```

（2）控制台输出如图 6-5 示例。

```
Problems  Javadoc  Declaration  Console ※
<terminated> ArrayToLottery [Java Application] E:\Program Files\MyEclipse 5.5.1 GA\jre\bin\javaw.exe (2015-8-16 下午02:29:52)
彩票开奖结果为：
前区：2 1 13 7 13          后区：12 12
```

图 6-5 彩票中奖号码前、后区显示

3．对代码进行随机数组重复去除操作，实现前区、后区各自区段内不会出现彩票重复号码，并将彩票号码开奖结果输出显示在控制台。

（1）代码如下：

```java
package ArrayApp;

public class ArrayToLottery {
    /**
     * @param args
     */
    public static void main(String[] args) {
        // TODO Auto-generated method stub
        int arr_1[]=new int [5],arr_2[]=new int [2];
        for(int i=0;i<arr_1.length;i++){
            arr_1[i]=1+(int)(Math.random()*35);
            int j=0;
            while(j<i){
                if(arr_1[i]==arr_1[j]){
                    arr_1[i]=1+(int)(Math.random()*35);
                    j=0;
                }
                else j++;
            }
        }
```

```
                for(int i=0;i<arr_2.length;i++){
                    arr_2[i]=1+(int)(Math.random()*12);
                    int j=0;
                    while(j<i){
                        if(arr_2[i]==arr_2[j]){
                            arr_2[i]=1+(int )(Math.random()*12);
                            j=0;
                        }
                        else j++;
                    }
                }
                System.out.println("彩票开奖结果为：");
                System.out.print("前区：");
                for(int i=0;i<arr_1.length;i++)
                    System.out.print(arr_1[i]+" ");
                System.out.print("\t 后区：");
                for(int i=0;i<arr_2.length;i++)
                    System.out.print(arr_2[i]+" ");
            }
        }
```

（2）由于随机彩票号码的产生是不确定的，所以程序运行结果不唯一。控制台输出如图6-6所示。

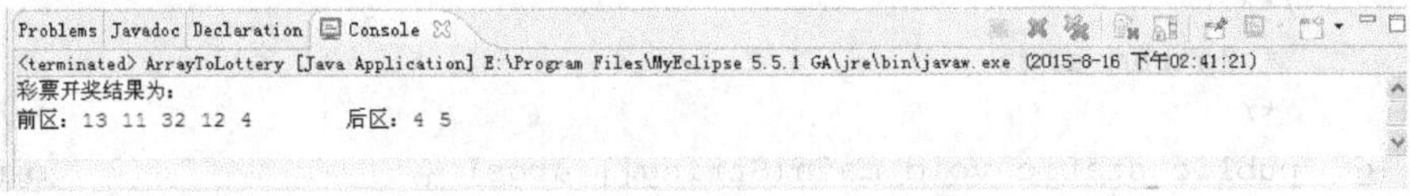

图 6-6 随机彩票号码的不唯一结果

◆ **调试运行**

1．程序代码进行如下修改，即在声明中，将彩票前区号码的存储区 arr_1[] 数组的 "[]" 中加入数组长度，会产生编译错误，代码如下所示：

```
package ArrayApp;
public class ArrayToLottery {
    /**
     * @param args
     */
    public static void main(String[] args) {
        // TODO Auto-generated method stub
        int arr_1[5]=new int [5],arr_2[]=new int [2];
        for(int i=0;i<arr_1.length;i++){
            arr_1[i]=1+(int)(Math.random()*35);
            int j=0;
            while(j<i){
                if(arr_1[i]==arr_1[j]){
                    arr_1[i]=1+(int)(Math.random()*35);
```

```
                    j=0;
                }
                else j++;
            }
        }
    }
}
```

出现如图 6-7 所示的编译错误提示。

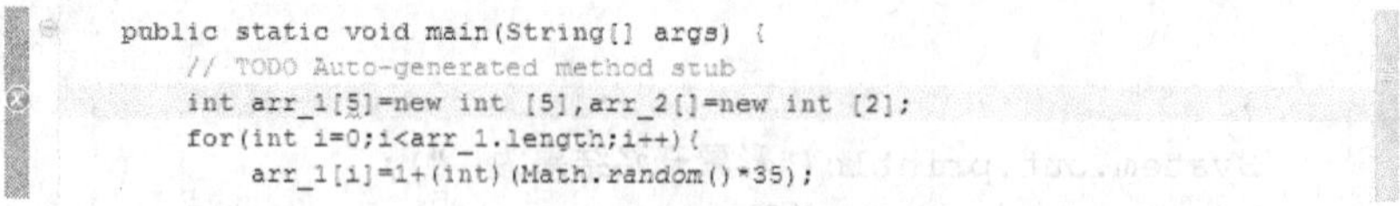

```
public static void main(String[] args) {
    // TODO Auto-generated method stub
    int arr_1[5]=new int [5],arr_2[]=new int [2];
    for(int i=0;i<arr_1.length;i++){
        arr_1[i]=1+(int)(Math.random()*35);
```

图 6-7　彩票前区声明中的长度位置产生错误

通过以上代码，不难发现，声明过程中不能在声明数组名称后的中括号中加入数组长度，正确的方式是在开辟内存空间时指定数组长度，即在 new int[] 中加入数字，表示数组的长度。

2. 假设程序在彩票号码后区指定数值，即在声明时，采用静态初始化的形式给予后区两个数值 5 和 13，前区仍然要随机产生，代码如下所示：

```
package ArrayApp;

public class ArrayToLottery {
    /**
     * @param args
     */
    public static void main(String[] args) {
// TODO Auto-generated method stub
        int arr_1[5]=new int [5],arr_2[]=new int [2]{5,13};
        for(int i=0;i<arr_1.length;i++){
        arr_1[i]=1+(int)(Math.random()*35);
        }
        System.out.println("彩票开奖结果为：");
        System.out.print("前区：");
        for(int i=0;i<arr_1.length;i++)
            System.out.print(arr_1[i]+" ");
        System.out.print("\t 后区：");
        for(int i=0;i<arr_2.length;i++)
            System.out.print(arr_2[i]+" ");
    }
}
```

出现如图 6-8 所示编译错误。

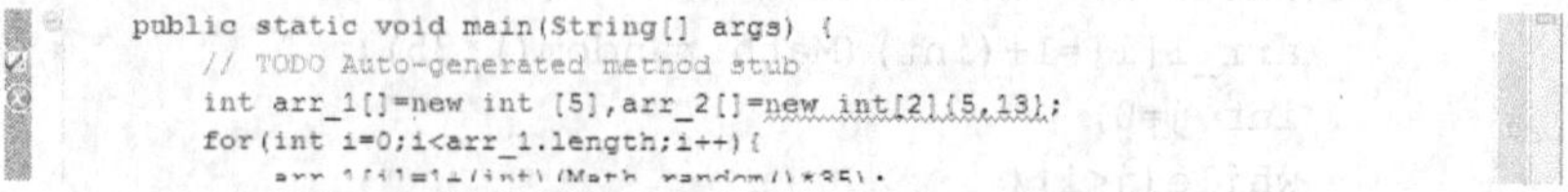

```
public static void main(String[] args) {
    // TODO Auto-generated method stub
    int arr_1[]=new int [5],arr_2[]=new int[2]{5,13};
    for(int i=0;i<arr_1.length;i++){
```

图 6-8　数组初始化中添加长度的编译错

正确处理方法是，在静态初始化时只加初始化中花括号和初始值部分"{5,13}"，并在 new int[2]中将数组长度 2 去掉，也就是静态初始化时不要指定数组长度，否则会出现编译错误。

◆ 维护升级

已知班级人数、各个分数，计算最高分、最低分、平均分。

（1）创建类 Score_array，主方法中定义数组，初始化 10 个人的平均成绩，循环累加获取总成绩，循环实现最大值和最小值，程序代码如下：

```java
package ArrayApp;
public class Score_array {
    /**
     * @param args
     */
    public static void main(String[] args) {
        // TODO Auto-generated method stub
        int[] score_arr ={91,77,83,97,68,87,77,93,78,86};
        int sum =0;
        int max =score_arr[0];
        int min =score_arr[0];
        for(int i=0;i<score_arr.length;i++){
            sum+=score_arr[i];
        }
        for(int i=0;i<score_arr.length;i++){
            if(max<score_arr[i]){
                max=score_arr[i];
            }
        }
        for(int i=0;i<score_arr[i];i++){
            if(min>score_arr[i]){
                min=score_arr[i];
            }
        }
        double average= sum/score_arr.length;

        System.out.println("此列成绩中最高分："+max);
        System.out.println("此列成绩中最低分："+min);
        System.out.println("此列成绩中平均分："+average);
    }
}
```

（2）控制台输出如图 6-9 所示。

图 6-9 分数的计算

以上编写调试过程中,误将求取最小值的循环控制条件编写为 score_arr[i],循环没有出现死循环,而是产生如图 6-10 所示逻辑错误。将循环结束控制条件修正为 i<score_arr.length 后,程序运行结果如图 6-9 所示。

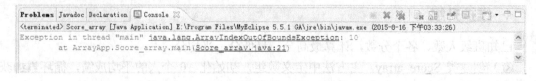

图 6-10　循环控制条件为变量的异常

任务二　数组的应用及基本操作

◇ 需求分析

用 java 语言描述彩票中奖号码,实现彩票每个号码的遍历、获取号码中的最大值、复制该中奖号码到新区域并向其中插入控制台输入的元素、排序新区域元素。

1. 需求描述

将产生的中奖彩票号码,复制到新的数组中,复制后显示到控制台;将复制后的新数组遍历,显示于控制台;取得中奖号码中最大的数字;对新数组升序排序;从控制台获取新数字,插入新数组中。

2. 运行结果(见图 6-11)

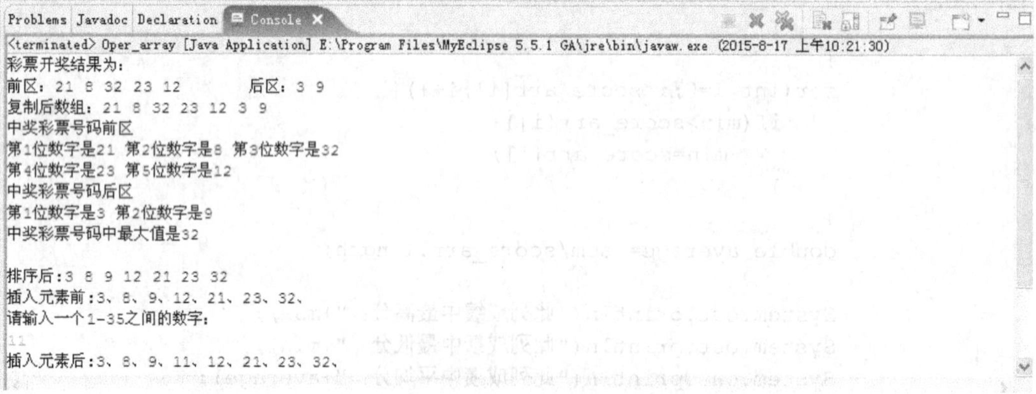

图 6-11　数组的基本操作

◇ 知识准备

1. 技能解析

数组的使用,随机数的使用,循环嵌套的使用,数组的复制、遍历、最大值获取、升序排序、数组中插入元素等的基本操作。

(1) 利用循环和随机数操作,产生中奖彩票号码,上节已经实现,arr_1 数组和 arr_2 数组已经存储了该号码。这里不再赘述。同时,声明一个新数组 arr_3,与存储中奖彩票号码的数组类型相同,长度加 1,为插入新元素做准备。

(2)复制数组并显示在控制台上,其中,先将数组 arr_1 复制到 arr_3 的 0 到 arr_1.length-1 个元素,再将 arr_2 数组复制到 arr_3 数组中的 arr_1.length 到 arr_3.length-1 一共 arr_2.length 个元素,实现代码如下:

```
System.arraycopy(arr_1, 0, arr_3, 0, arr_1.length);
System.arraycopy(arr_2, 0, arr_3, 5, 2);
System.out.print("复制后数组:");
for(int i=0;i<arr_3.length-1;i++)
    System.out.print(arr_3[i]+" ");
```

(3)将新数组中分别遍历,分为前区和后区两个彩票号码区段,代码如下:

```
System.out.println("\n 中奖彩票号码前区");//遍历数组
for(int i=0;i<arr_3.length -3;i++){
    System.out.print("第"+(i+1)+"位数字是"+arr_3[i]+" ");
    if((i+1)%3==0)
        System.out.println();
}
System.out.println("\n 中奖彩票号码后区");
for(int i=5;i<arr_3.length-1 ;i++)
    System.out.print("第"+(i-4)+"位数字是"+arr_3[i]+" ");
```

(4)获取中奖彩票号码中的最大数字。将新数组中最大值取出显示于控制台,代码如下:

```
int max=arr_3[0];
for(int i=0;i<arr_3.length-1;i++)
    if(max<arr_3[i])
        max =arr_3[i];
System.out.println("中奖彩票号码中最大值是"+max);
```

(5)为中奖彩票号码重新按照升序排序。排序后,新数组中第一个元素是非号码元素,是默认初始值 0。代码如下:

```
System.out.print("排序后:");
Arrays.sort(arr_3);
for(int i=1;i<arr_3.length;i++)
    System.out.print(arr_3[i]+" ");
```

(6)从键盘获取任意 1 到 35 之间的数字,将该数字插入排序后的新数组中,代码如下:

```
Scanner scanner=new Scanner(System.in);
System.out.println("\n 请输入一个 1~35 之间的数字:");
int in=scanner.nextInt();
int temp=arr_3[arr_3.length-1],j,t=arr_3.length-1;
for(j=arr_3.length-1;j>0&&in<temp;j--)
    {arr_3[j]=arr_3[j-1];
    temp=arr_3[j-1];
    t=j;
    }
arr_3[t]=in;
```

```
System.out.print("插入元素后:");
for(int i=0;i<arr_3.length;i++)
    System.out.print(arr_3[i]+"、");
```

2. 知识解析

（1）java 语言中，数组的复制操作要用到特殊的类和它的方法，在没有学习类和方法之前，我们只需记住，复制的方法的使用就可以了。

arrayCopy()是来自于 System 类中的静态方法，其语法格式为：

```
public static void arrayCopy(Object src,int src_pos,Object dst,int dst_pos,int length)
```

其中，src 为源数组名，src_pos 为源数组的起始位置，dst 为目标数组名，dst_pos 为目标数组的起始位置，length 为复制的长度。

```
System.arraycopy(arr_1, 0, arr_3, 0, arr_1.length);
System.arraycopy(arr_2, 0, arr_3, 5, 2);
```

以上数组复制，将源数组 arr_1 从初始 0 下标位置元素复制到 arr_3 的下标为 0 的位置，复制 arr_1 数组的所有元素个数的长度。第二行代码，将源数组 arr_2 从 0 下标位置元素开始复制到 arr_3 数组中，存入 arr_3[arr_1.length]元素位置开始，共 arr_2.length 个元素值。然后，显示复制后的 arr_3 数组元素内容于控制台。

```
System.out.print("复制后数组: ");
for(int i=0;i<arr_3.length-1;i++)
    System.out.print(arr_3[i]+" ");
```

该代码段执行结果如图 6-12 所示。

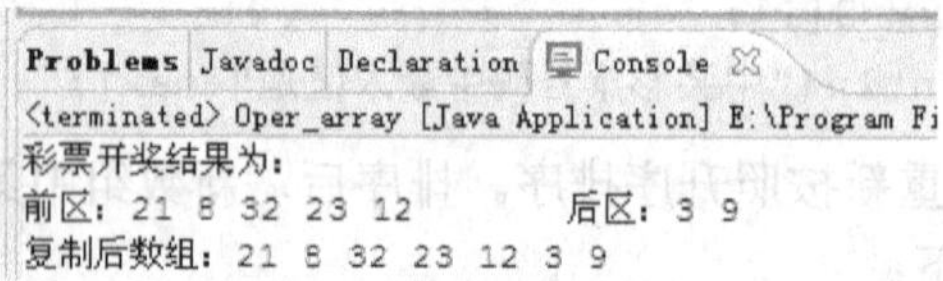

图 6-12 复制后新数组的显示

（2）java 的遍历数组操作。所谓遍历数组，就是获取数组中的每个元素。一般情况下，遍历数组要使用 for 循环来完成。一维数组的遍历很简单，较易理解。代码片段实现如下所示：

```
System.out.println("\n 中奖彩票号码前区");//遍历数组
for(int i=0;i<arr_3.length -3;i++){
    System.out.print("第"+(i+1)+"位数字是"+arr_3[i]+" ");
    if((i+1)%3==0)
        System.out.println();
}System.out.println("\n 中奖彩票号码后区");
for(int i=5;i<arr_3.length-1 ;i++)
    System.out.print("第"+(i-4)+"位数字是"+arr_3[i]+" ");
```

该代码段执行结果如图 6-13 所示。

```
中奖彩票号码前区
第1位数字是21  第2位数字是8  第3位数字是32
第4位数字是23  第5位数字是12
中奖彩票号码后区
第1位数字是3  第2位数字是9
```

图 6-13 遍历数组各个位号的内容显示

将复制的新数组 arr_3 分段遍历，从下标 0 到 arr_3.length 位置为中奖彩票号码前区的遍历，采用每 3 个元素回车换行，使用 if((i+1)%3==0) System.out.println();条件判断语句实现。新数组 arr_3 从下标第 arr_1.length 位置即 5 开始，接连的 2 位是后区彩票号码的数字遍历。

（3）一维数组中最大值获取操作。实现采用如下思路：一维数组中，暂定第一个元素为最大值存取在临时空间 max 中，通过循环语句将所有该一维数组元素与 max 元素比较，遇到比 max 数据还大的数组元素，就将该数组元素覆盖 max，以使得 max 中保存的始终是这个一维数组中最大的一个。代码实现如下：

```
System.out.println();//获取最大值
int max=arr_3[0];
for(int i=0;i<arr_3.length-1;i++)
        if(max<arr_3[i])
            max =arr_3[i];
System.out.println("中奖彩票号码中最大值是"+max);
```

该代码段运行结果如图 6-14 所示。

（4）数组排序操作。在 java.util.Arrays 类中提供了一系列操作数组的方法，排序操作就是较常用的方法之一。Arrays 类中的 sort()方法，可以实现对任意类型一维数组升序排序的功能。其语法格式为：

```
public static void sort(Object[] array_name);
```

其中，array_name 为要排序的一维数组名称，此操作会带回一个返回值，返回的是排序后的新的升序排序的数组。

```
System.out.println();//升序排序
System.out.print("排序后:");
Arrays.sort(arr_3);
for(int i=1;i<arr_3.length;i++)
    System.out.print(arr_3[i]+" ");
```

该代码段运行结果如图 6-15 所示。

中奖彩票号码中最大值是32   排序后:3 8 9 12 21 23 32

图 6-14 一组数中最大值的显示   图 6-15 数组排序显示

（5）数组中插入新数据。在已排好序的数组里插入元素，按照如下思路实现：获取待插入的数据，将该数据与有序数组最后一位比较，如果比数组最后一位小，将数组最后一位移动，下标由原来的 j-1 变为 j，再将待插入的数据与倒数第二位比较大小，如果依然比其小，还要改变数组倒数第二位元素的位置，下标由原来的 j-2 变为 j-1，依次类推，直到找到待插入的数值比数组元素大，则该下标的位置就是这个待插入的数的位置。其代码片段实现如下：

```java
System.out.println();//插入元素
System.out.print("插入元素前:");
for(int i=0;i<arr_3.length-1;i++)
    {arr_3[i]=arr_3[i+1];
        System.out.print(arr_3[i]+"、");
    }
Scanner scanner=new Scanner(System.in);
System.out.println("\n请输入一个1~35之间的数字: ");
int in=scanner.nextInt();
int temp=arr_3[arr_3.length-1],j,t=arr_3.length-1;
for(j=arr_3.length-1;j>0&&in<temp;j--)
    {arr_3[j]=arr_3[j-1];
    temp=arr_3[j-1];
    t=j;
    }
arr_3[t]=in;
System.out.print("插入元素后:");
for(int i=0;i<arr_3.length;i++)
    System.out.print(arr_3[i]+"、");
```

该代码段运行结果如图6-16所示。

```
插入元素前:3、8、9、12、21、23、32、
请输入一个1~35之间的数字:
11
插入元素后:3、8、9、11、12、21、23、32、
```

图6-16 任意数的插入操作

以上代码中，用到控制台输入数据操作，用到java.util.*包中的Scanner类，通过Scanner类的nextInt()方法可以获取控制台输入的数值。Scanner scanner=new Scanner(System.in);语句和int in=scanner.nextInt();语句实现输入数据操作。移动数组元素及比较输入值与数组值大小的过程，通过循环语句执行，更加提高效率。

◆ 编码实施

1. 创建Oper_array类，在主方法中随机产生中奖彩票号码，每次产生的值不是唯一的，声明数组存储彩票中奖号码，在每次产生彩票中奖号码后对号码进行复制、遍历、获取最大值、排序、向新号码中插入新元素等操作，将结果显示在控制台。

（1）代码如下：

```java
package ArrayApp;
import java.util.Arrays;
import java.util.Scanner;
public class Oper_array {
    /**
     * @param args
```

```java
    */
    public static void main(String[] args) {
        // TODO Auto-generated method stub
        int arr_1[]=new int [5],arr_2[]=new int [2],arr_3[]=new int[8];
        for(int i=0;i<arr_1.length;i++){
            arr_1[i]=1+(int)(Math.random()*35);
            int j=0;
            while(j<i){
                if(arr_1[i]==arr_1[j]){
                    arr_1[i]=1+(int)(Math.random()*35);
                    j=0;
                }
                else j++;
            }
        }
        for(int i=0;i<arr_2.length;i++){
            arr_2[i]=1+(int)(Math.random()*12);
            int j=0;
            while(j<i){
                if(arr_2[i]==arr_2[j]){
                    arr_2[i]=1+(int )(Math.random()*12);
                    j=0;
                }
                else j++;
            }
        }
        System.out.println("彩票开奖结果为:");
        System.out.print("前区:");
        for(int i=0;i<arr_1.length;i++)
            System.out.print(arr_1[i]+" ");
        System.out.print("\t 后区:");
        for(int i=0;i<arr_2.length;i++)
            System.out.print(arr_2[i]+" ");
        System.out.println();//复制数组
        System.arraycopy(arr_1, 0, arr_3, 0, arr_1.length);
        System.arraycopy(arr_2, 0, arr_3, 5, 2);
        System.out.print("复制后数组:");
        for(int i=0;i<arr_3.length-1;i++)
            System.out.print(arr_3[i]+" ");

        System.out.println("\n 中奖彩票号码前区");//遍历数组
        for(int i=0;i<arr_3.length -3;i++){
            System.out.print("第"+(i+1)+"位数字是"+arr_3[i]+" ");
            if((i+1)%3==0)
                System.out.println();
        }System.out.println("\n 中奖彩票号码后区");
        for(int i=5;i<arr_3.length-1 ;i++)
```

```java
                System.out.print("第"+(i-4)+"位数字是"+arr_3[i]+" ");
            System.out.println();//获取最大值
            int max=arr_3[0];
            for(int i=0;i<arr_3.length-1;i++)
                if(max<arr_3[i])
                    max =arr_3[i];
            System.out.println("中奖彩票号码中最大值是"+max);

            System.out.println();//升序排序
            System.out.print("排序后:");
            Arrays.sort(arr_3);
            for(int i=1;i<arr_3.length;i++)
                System.out.print(arr_3[i]+" ");

            System.out.println();//插入元素
            System.out.print("插入元素前:");
            for(int i=0;i<arr_3.length-1;i++)
            {arr_3[i]=arr_3[i+1];
            System.out.print(arr_3[i]+"、");
            }
            Scanner scanner=new Scanner(System.in);
            System.out.println("\n请输入一个 1～35 之间的数字:");
            int in=scanner.nextInt();
            int temp=arr_3[arr_3.length-1],j,t=arr_3.length-1;
            for(j=arr_3.length-1;j>0&&in<temp;j--)
                {arr_3[j]=arr_3[j-1];
                temp=arr_3[j-1];
                t=j;
                }
            arr_3[t]=in;
            System.out.print("插入元素后:");
            for(int i=0;i<arr_3.length;i++)
                System.out.print(arr_3[i]+"、");
        }
    }
```

（2）程序运行结果如图 6-11 所示。

2. 在 Oper_array 类主方法中将一些功能模块用方法实现，可以简化程序代码，增加代码重用性，在后续方法内容部分将详细介绍。

◆ 调试运行

1. 声明数组时，在数据类型接连的数组名后的"[]"中加入数字，会产生编译错误，代码书写方式及错误如图 6-17 所示。

另外，在 new int[8]中不写数组长度也会产生编译错误，代码如：arr_3[]=new int[]；或者，在最前面声明数组，后方进行整体赋值也会出编译错误，如图 6-18 所示。

```
 Arithmat.java    ArithMOD.java    DayToWeek.java    Oper_array.java  ×
        */
        public static void main(String[] args) {
            // TODO Auto-generated method stub
            int arr_1[]=new int [5],arr_2[]=new int [2],arr_3[8]=new int[8];
            for(int i=0;i<arr 1.length;i++){
```

图 6-17 多个数组声明的编译错

```
public class Test_Operarray {
    /**
     * @param args
     */
    public static void main(String[] args) {
        // TODO Auto-generated method stub
        int arr_1[]=new int [5],arr_2[]=new int [2],arr_3[]=new int[8];
        arr_1={21,8,32,23,12};arr_2={3,9};
    }
}
```

图 6-18 数组整体赋值编译错

对于以上赋值，不允许整体对数组操作，或者改为初始化形式，如：int arr_1[]=new int []{21,8,32,23,12}；注意初始化时 new 后面的"[]"中不能加数组长度，系统由数组个数确定数组长度。或者改为前面声明，后面单个赋值的形式。如：arr_2[0]=3;arr_2[1]=9。

2. 复制数组元素时，最后一个参数是数组的长度而不是数组的下标，既不能不填任何数字，也不能填 arr_1.length-1（将会少一个数组元素被复制，出现逻辑错误）。不写长度会产生如图 6-19 所示编译错误。

```
System.arraycopy(arr_1, 0, arr_3, 0, arr_1.length);
System.arraycopy(arr_2, 0, arr_3, 5, );
System.out.print("复制后数组：");
for(int i=0;i<arr 3.length 1;i++)
```

图 6-19 System.arraycopy 的使用

3. 调试插入元素，将较大元素向数组后方移动元素时，使用循环结构，用待插入的新元素是否小于数组元素为循环结束控制条件，代码如下：

```
package ArrayApp;
import java.util.Arrays;
import java.util.Scanner;
public class Test_Operarray {
    /**
     * @param args
     */
    public static void main(String[] args) {
        // TODO Auto-generated method stub
        int arr_1[]=new int []{21,8,32,23,12},
        arr_2[]=new int []{3,9},arr_3[]=new int[8];
        System.out.println();
        System.arraycopy(arr_1, 0, arr_3, 0, arr_1.length);
        System.arraycopy(arr_2, 0, arr_3, 5, 2);
        System.out.print("复制后数组:");
        for(int i=0;i<arr_3.length-1;i++)
```

```
            System.out.print(arr_3[i]+" ");

        System.out.println();//升序排序
        Arrays.sort(arr_3);

        System.out.println();//插入元素
        System.out.print("插入元素前:");
        for(int i=0;i<arr_3.length-1;i++)
        {arr_3[i]=arr_3[i+1];
        System.out.print(arr_3[i]+"、");
        }
        Scanner scanner=new Scanner(System.in);
        System.out.println("\n请输入一个1~35之间的数字:");
        int in=scanner.nextInt();
        int temp=arr_3[arr_3.length-1],j,t=arr_3.length-1;
        for(j=arr_3.length-1;j>0&&in<temp;j--)
            {
                arr_3[j]=arr_3[j-1];
                t=j;
            }
        arr_3[t]=in;
        System.out.print("插入元素后:");
        for(int i=0;i<arr_3.length;i++)
            System.out.print(arr_3[i]+"、");
        }
    }
```

程序运行结果如图 6-20 所示。

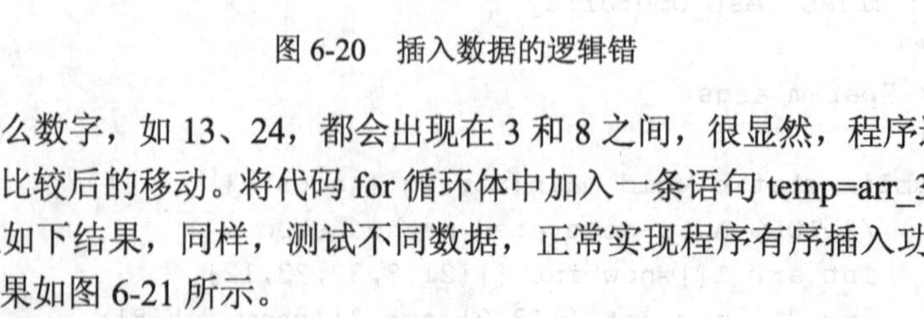

图 6-20 插入数据的逻辑错

无论输入什么数字，如 13、24，都会出现在 3 和 8 之间，很显然，程序逻辑错误，并没有实现数据大小比较后的移动。将代码 for 循环体中加入一条语句 temp=arr_3[j-1];程序能够正常运行，产生如下结果，同样，测试不同数据，正常实现程序有序插入功能。当输入 11 时，程序运行结果如图 6-21 所示。

◆ 维护升级

某参赛选手以初赛号码为查询条件，查询是否被入选进入决赛及决赛出场位次。初赛号码 1 到 20 号由控制台任意输入，入选决赛号码为{2,5,7,9,11}。

项目六 彩票中奖号码的实现 | **129**

```
复制后数组：21 8 32 23 12 3 9
插入元素前：3、8、9、12、21、23、32、
请输入一个1-35之间的数字：
11
插入元素后：3、8、9、11、12、21、23、32、
```

图 6-21 插入任意输入数据的显示

（1）代码如下：

```java
package ArrayApp;
import java.util.Arrays;
import java.util.Scanner;
public class Incre_array {
    /**
     * @param args
     */
    public static void main(String[] args) {
        // TODO Auto-generated method stub
        int cx[]={2,5,7,9,11};
        int ky=0,pose;
        
        Scanner scanner=new Scanner(System.in);
        ky=scanner.nextInt();
        pose=Arrays.binarySearch(cx, ky);
        if(pose<0){
            System.out.println("您输入的号码"+ky+"不在入选行列！");
        }else{
            System.out.println("恭喜您入选！决赛将在第"+(pose+1)+"位出场");
        }
    }
}
```

（2）程序执行结果如图 6-22 所示。

图 6-22 入选决赛查询显示

此程序中用了 Arrays 类中的 binarySearch() 方法，该方法是利用二分法在已经排列好顺序的数组中查找某个指定元素是否存在，存在则返回该数的具体位置，不存在则返回-1。具体格式如下：

public static int binarySearch(int[] arg0,int arg1);其中，参数 arg0 为已排序整型数组，arg1 为要查找的数据。

任务三 认识方法

一、方法的声明

◆ 需求分析

用方法实现彩票抽奖程序及显示中奖彩票号码。

1. 需求描述

将所要实现的中奖号码程序写入方法 LotteryMethodImp()中，主方法调用 LotteryMethod Imp()，实现中奖号码的产生和显示。

2. 运行结果（见图 6-23）

图 6-23 中奖彩票号码的方法实现

◆ 知识准备

1. 技能解析

代码块写入 LotteryMethodImp()方法，主方法中只有调用该方法一条语句。

（1）java 中将某些经常重复使用并具有一个特定功能的语句集中在一个方法体中，形成方法。方法的定义代码如下：

```
public static void LotteryMethodImp() {
int arr_1[]=new int [5],arr_2[]=new int [2];
for(int i=0;i<arr_1.length;i++){
      arr_1[i]=1+(int)(Math.random()*35);
}
for(int i=0;i<arr_2.length;i++){
       arr_2[i]=1+(int)(Math.random()*12);
}
System.out.println("彩票开奖结果为：");
System.out.print("前区：");
for(int i=0;i<arr_1.length;i++)
    System.out.print(arr_1[i]+" ");
System.out.print("\t 后区：");
for(int i=0;i<arr_2.length;i++)
```

```
            System.out.print(arr_2[i]+" ");
    }
```

（2）主方法中操作简洁、明晰。代码如下：

```
public static void main(String[] args) {
    // TODO Auto-generated method stub
    LotteryMethodImp();
}
```

2．知识解析

java 语言中，方法就是一段具有特定功能并可重复被使用的代码块。如，500 行的代码经常被在程序的不同部位使用，若在各个部位都写入这 500 行，显然程序冗余度增加，代码量也随之增加，修改这段代码也要多个部位修改，如果将这 500 行写入方法，则代码量减小，修改无误，冗余度也降低，这也是方法的提高效率的优势。

有许多书中将方法也称为函数，其实都是将某种特定功能的代码写入方法，提高代码重用率为目的的，只是两个称呼不同，无实质差别。

方法的定义格式如下：

> [修饰符] 返回值类型 方法名称（[类型 参数1，类型 参数2，…，类型 参数n]）
> {
> 　　程序代码；
> 　　[return 表达式]；
> }

（1）方法的定义由方法头和方法体两部分组成。方法体是花括号部分（包含符号"{}"），除去方法体，其前部就是方法头。本例方法头中方法修饰符使用 public static，是专为主方法可以直接调用的方法而设定的修饰符，后续学习中详细解释。方法中只能调用方法，而不能在方法中定义方法，如本例中在主方法之外定义另外方法，而在主方法中调用另外方法。方法被调用后，语句流就转入被调方法中执行，被调方法执行完毕，会返回到程序调用处向下继续执行。

（2）java 方法头部分，方法的返回值也称方法的值，是指方法被调用后，执行方法体中的程序段后返回给主调方法的值。方法的返回值只能通过 return 语句返回主调方法。return 语句的一般形式为：

> return 表达式；　或　return (表达式)；

其功能是，计算表达式的值，并返回给主调方法。

在方法中允许有多个 return 语句，但每次调用方法只能有一个 return 语句被执行，因此只能返回一个方法值；return 后面只能带回一个基本类型值或一个引用类型（如数组、String 类型）值，不能带回两个或更多基本类型或引用类型值；方法带回值类型和方法定义中的方法返回值类型应保持一致，不一致时若通过类型转换转换为定义中的类型也是允许的。

方法的返回值又分为有返回值和无返回值两种：无返回值是指被调方法执行完毕不会返回调用处任何值；有返回值是指，被调方法执行完毕会带回某种数据类型的值到调用处。

① 对于无返回值的，在返回值类型处用 void 作为区别于有返回值的关键字。简单示例如下代码所示：

```java
package ArrayApp;
public class Method_noArgWithoutBack {
    /**
     * @param args 无参数无返回值案例
     */
    public static void main(String[] args) {
        // TODO Auto-generated method stub
        printInformation();
    }
    public static void printInformation(){
        int arr_1[]=new int [5];//{29,3,19,32,20};{3,8};
        for(int i=0;i<arr_1.length;i++){
            arr_1[i]=1+(int)(Math.random()*100);
        }
        System.out.println("输出任意5个100以内的随机数: ");
        for(int i=0;i<arr_1.length;i++){
            System.out.print(arr_1[i]+"、");
        }
    }
}
```

程序运行结果如图 6-24 所示。

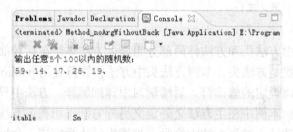

图 6-24 中奖号码无返回值的方法实现

以上代码主方法中只调用方法 printInformation();一条语句,所有形成 100 以内的随机数、随机数的储存、随机数的显示输出都在方法中实现。

② 对于有返回值的方法,返回值类型就是被调方法带回来的数值的类型,可以返回基本数据类型,也可以返回的是引用数据类型；有返回值的方法案例将在后续课程中详细介绍。

（3）方法名称符合标识符的命名规则,如 lotteryMethodImp()方法。能够按照这样的规则定义的方法名称有助于开发中编码习惯的良好养成。

（4）参数列表,即圆括号及其包括部分,圆括号是不可以省略的。参数分为形式参数(形参)和实际参数(实参)两种。

在方法定义参数列表中出现的是方法的形式参数,形参可以有,也可以没有,形参列表中的形参主要是为了接收从方法调用处传进来的实参的,无论有形参与否,圆括号是一定不能省略的,每个形参都必须要有自己独立的类型声明,即使相邻两个形参类型相同,也不可以把第二个的形参数据类型省略,每个形参之间要用逗号隔开。

在方法调用处使用的参数是方法的实参,实参可以是一个基本类型的具体的值或表达式,也可以是一个引用数据类型,或可以通过类型转换规则转换成符合形参类型的数据类型。

实参出现在方法调用处时，实参的个数、顺序及实参的数据类型必须与形参严格保持一致，各实参之间也用逗号分隔，实参与形参名称可以相同，也可以不同，这不会影响程序功能的正常执行。

（5）方法体。方法定义的第二部分是方法体，一般方法体是一些完成某种特定功能的语句序列，由一条或多条语句组成，方法体中有返回值时会出现 return 和返回的值的语句，由其带回返回值到方法调用处；方法体中无返回值时，可以没有 return 语句，也可以有 return 语句，此时 return 语句后面没有任何变量和值，return 的作用只是表示将方法返回调用处。

◇ 编码实施

在包 ArrayApp 中创建 Method 类，此类中有两个方法，一个主方法和一个被调方法 LotteryMethodImp()，方法 LotteryMethodImp()独立完成了产生中奖彩票号码和显示输出号码的功能，在主方法中简单调用该方法就能实现彩票中奖号码的控制台输出。

（1）代码如下：

```java
package ArrayApp;

public class Method {
    /**
     * @param args 无参无返回值
     */
    public static void main(String[] args) {
        // TODO Auto-generated method stub
        LotteryMethodImp();
    }
    public static void LotteryMethodImp() {
        int arr_1[]=new int [5],arr_2[]=new int [2];
        for(int i=0;i<arr_1.length;i++){
            arr_1[i]=1+(int)(Math.random()*35);
            int j=0;
            while(j<i){
                if(arr_1[i]==arr_1[j]){
                    arr_1[i]=1+(int)(Math.random()*35);
                    j=0;
                }
                else j++;
            }
        }
        for(int i=0;i<arr_2.length;i++){
            arr_2[i]=1+(int)(Math.random()*12);
            int j=0;
            while(j<i){
                if(arr_2[i]==arr_2[j]){
                    arr_2[i]=1+(int )(Math.random()*12);
                    j=0;
                }
```

```
                    else j++;
            }
        }
        System.out.println("彩票开奖结果为：");
        System.out.print("前区：");
        for(int i=0;i<arr_1.length;i++)
            System.out.print(arr_1[i]+" ");
        System.out.print("\t 后区：");
        for(int i=0;i<arr_2.length;i++)
            System.out.print(arr_2[i]+" ");
    }
}
```

（2）程序运行结果如图 6-25 所示，由于随机数产生，每次运行的结果数据不必完全相同。

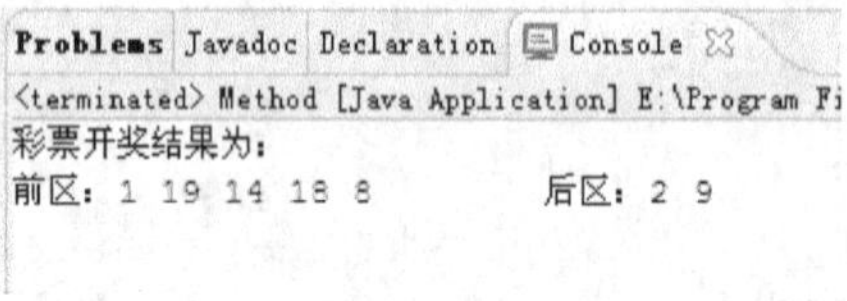

图 6-25　彩票中奖号码的无参无返回值方法实现

◆ 调试运行

1. 在方法 LotteryMethodImp() 被定义时，因为没有返回值，所以不写 void 会产生如图 6-26 所示编译错。

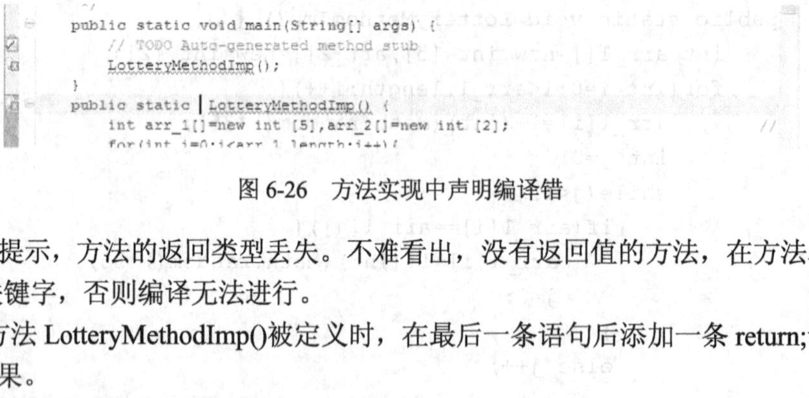

图 6-26　方法实现中声明编译错

编译器提示，方法的返回类型丢失。不难看出，没有返回值的方法，在方法名称前务必加上 void 关键字，否则编译无法进行。

2. 在方法 LotteryMethodImp() 被定义时，在最后一条语句后添加一条 return;语句会产生正常运行结果。

（1）方法定义部分代码修改如下：

```java
public static void LotteryMethodImp() {
    int arr_1[]=new int [5],arr_2[]=new int [2];
    for(int i=0;i<arr_1.length;i++){
        arr_1[i]=1+(int)(Math.random()*35);
        int j=0;
        while(j<i){
            if(arr_1[i]==arr_1[j]){
                arr_1[i]=1+(int)(Math.random()*35);
```

```
                    j=0;
                }
                else j++;
            }
        }
        for(int i=0;i<arr_2.length;i++){
            arr_2[i]=1+(int)(Math.random()*12);
            int j=0;
            while(j<i){
                if(arr_2[i]==arr_2[j]){
                    arr_2[i]=1+(int )(Math.random()*12);
                    j=0;
                }
                else j++;
            }
        }
        System.out.println("彩票开奖结果为：");
        System.out.print("前区：");
        for(int i=0;i<arr_1.length;i++)
            System.out.print(arr_1[i]+" ");
        System.out.print("\t 后区：");
        for(int i=0;i<arr_2.length;i++)
            System.out.print(arr_2[i]+" ");
        return;
    }
```

（2）程序运行结果如图 6-27 所示。

```
Problems  Javadoc  Declaration  Console
<terminated> Method [Java Application] E:\Program Files\MyEclipse 5.5.1 GA\jr
彩票开奖结果为：
前区：1 19 14 18 8         后区：2 9
```

图 6-27　无返回值方法的 "return" 使用

在方法 LotteryMethodImp()定义的最后一句加与不加 return;语句都不会影响程序的运行结果，加 return;语句的作用是将程序带回程序调用处，此时方法代码执行完毕，也没有任何值带回，也不影响定义头部 void 关键字的存在。不加 return;语句，程序也会自动执行完毕后回到程序调用主方法处。需要注意，如果 return;语句不在方法的最后，有可能方法的功能还没有执行完毕就被带回到主方法中方法调用处了。

◇ 维护升级

将 100 以内的全部奇数显示输出。
实现代码如下：

```
package ArrayApp;

public class Odd_in_100 {
```

```java
/**
 * @param args
 */
public static void main(String[] args) {
    // TODO Auto-generated method stub
    odd_in_100();
}
public static void odd_in_100() {
    int array[]=new int[50],j=0;
    for(int i=0;i<=100;i++){
        if(i%2!=0){
            array[j]=i;
            j++;
        }
    }
    for(int i=0;i<array.length;i++){
        System.out.print(array[i]+"、");
        if((i+1)%5==0){
            System.out.println();
        }
    }
}
```

程序运行结果如图 6-28 所示。

图 6-28　100 以内的奇数显示

二、变量的作用域

◇ **需求分析**

彩票中奖号码用方法实现随机号码的产生，用方法实现号码的控制台输出。

1．需求描述

使用方法实现彩票中奖号码的生成，需要把产生随机号码的语句块形成一个方法体，现在又要将号码显示功能形成一个新方法，需要两个方法都共用存储号码的数组变量。这两个数组变量若只位于一个方法，只是局部变量，其他方法无法访问。只有更改了两个数组变量的作用域，才能将方法独立完成各自的功能。

2．运行结果（见图6-29）

图6-29 彩票中奖号码生成及显示的方法实现

◆ **知识准备**

1．技能解析

作用域的改变，实现方法模块功能的改变。

（1）java 是面向对象的语言，类和对象是最基本的组成单元。如我们经常使用的程序代码都是在类中，通过 public static void main(String[] args)方法实现，这里 main 方法是主方法，其他方法前几节中讲到过，若要被主方法调用的方法也要被 public static 修饰符修饰。类除了有主方法、其他方法，还要有属性，即类是由属性和方法组成的。同样，属性若也直接被主方法访问，也要被 public static 修饰符修饰。在 Method2 类中定义既可以被主方法访问也可以被其他方法访问的类属性（数组变量）。

```
public static int arr_1[]=new int [5],arr_2[]=new int [2];
```

（2）定义产生彩票中奖号码的方法，并确保不存在重复数字。

```
public static void LotteryCreaNumMethodImp() {
    for(int i=0;i<arr_1.length;i++){
        arr_1[i]=1+(int)(Math.random()*35);
        int j=0;
        while(j<i){
            if(arr_1[i]==arr_1[j]){
                arr_1[i]=1+(int)(Math.random()*35);
                j=0;
            }
            else j++;
        }
    }
    for(int i=0;i<arr_2.length;i++){
        arr_2[i]=1+(int)(Math.random()*12);
        int j=0;
        while(j<i){
            if(arr_2[i]==arr_2[j]){
                arr_2[i]=1+(int )(Math.random()*12);
                j=0;
```

```
            }
                else j++;
        }
    }
}
```

(3) 定义显示中奖彩票号码的方法。

```
public static void printLotteryNum(){
    System.out.println("彩票开奖结果为: ");
    System.out.print("前区: ");
    for(int i=0;i<arr_1.length;i++)
        System.out.print(arr_1[i]+" ");
    System.out.print("\t 后区: ");
    for(int i=0;i<arr_2.length;i++)
        System.out.print(arr_2[i]+" ");
}
```

(4) 主方法中的调用形式代码如下：

```
public static void main(String[] args) {
    // TODO Auto-generated method stub
    LotteryCreaNumMethodImp();
    printLotteryNum();
}
```

2．知识解析

java 语言中，变量要定义后才可以使用，但也并不是说所有定义的变量在其定义后的语句中都能够被使用。变量需要在它的作用范围内才能被使用，这个有效的作用范围被称为变量的作用域。在程序中，变量一定被定义在某个花括号中，该花括号包含的代码区域就是该变量的作用域。

（1）java 中被定义的变量，其后语句不能使用该变量的典型代码示例如下：

```
package CalcuCode;
package ArrayApp;
public class Range_var {
    /**
     * @param args
     */
    public static void main(String[] args) {
        // TODO Auto-generated method stub
        int myVar=10;
        {
            int my_Yar=20;
            System.out.println("myVar= "+myVar);
            System.out.println("my_Yar= "+my_Yar);
        }
        my_Yar=myVar;    //不能够被使用的变量
        System.out.println("myVar= "+myVar);
```

        }
    }

程序出现编译错误如图 6-30 所示。

```
public static void main(String[] args) {
    // TODO Auto-generated method stub
    int myVar=10;
    {
        int my_Yar=20;
        System.out.println("myVar= "+myVar);
        System.out.println("my_Yar= "+my_Yar);
    }
    my_Yar=myVar;
    System.out.println("myVar= "+myVar);
}
```

图 6-30　局部作用域编译错

以上编译错误，是在定义 my_Yar 变量语句块后，不允许语句块外部访问的典型例子。本例中，myVar 变量在 main 方法的花括号中被定义，其作用域是整个 main 方法，而变量 my_Yar 定义的范围是内层花括号的代码区域，内层花括号才是该变量的作用域，即变量 my_Yar 超出了它的作用域。要纠正此编译错，只需将该超出作用域的操作变量语句删除掉。

通过这个案例，了解到 my_Yar 变量是局部定义的变量，也叫局部变量，局部变量在方法内部或语句块内（符号"{}"包起来的是一个语句块）被定义说明，它的作用域就只限于方法内或语句块内，离开该方法或语句块，再使用局部变量就是非法的。同样，myVar 变量也是 main 方法的局部变量，离开 main 方法（而非又被重新定义的），再使用它是不允许的。

（2）当包含关系中不同作用域的变量名称相同时，内部作用域会屏蔽外部作用域变量的值。有些集成开发环境不支持包含关系作用域中同时定义同名变量，认为是重复定义。包含关系作用域的变量定义代码片段如下：

```
int myVar=10;
{
    int myVar=20;
    myVar++;
    System.out.println("内部 myVar="+myVar);
}
System.out.println("外部 myVar="+myVar);
```

运行结果，内部 myVar 应该是 21，而外部 myVar 应该是 10。

◇ **编码实施**

创建 Method2 类，类中定义可以被主方法、其他 public static 修饰的方法共同使用的属性，即存储彩票中奖号码的整型数组，它们也被修饰符 public static 修饰（后续章节中对其作用详细介绍）。

（1）代码如下：

```
package ArrayApp;
```

```java
public class Method2 {
    public static int arr_1[]=new int [5],arr_2[]=new int [2];
    /**
     * @param args
     */
    public static void main(String[] args) {
        // TODO Auto-generated method stub
        LotteryCreaNumMethodImp();
        printLotteryNum();
    }
    public static void LotteryCreaNumMethodImp() {
        for(int i=0;i<arr_1.length;i++){
            arr_1[i]=1+(int)(Math.random()*35);
            int j=0;
            while(j<i){
                if(arr_1[i]==arr_1[j]){
                    arr_1[i]=1+(int)(Math.random()*35);
                    j=0;
                }
                else j++;
            }
        }
        for(int i=0;i<arr_2.length;i++){
            arr_2[i]=1+(int)(Math.random()*12);
            int j=0;
            while(j<i){
                if(arr_2[i]==arr_2[j]){
                    arr_2[i]=1+(int )(Math.random()*12);
                    j=0;
                }
                else j++;
            }
        }
    }
    public static void printLotteryNum(){
        System.out.println("彩票开奖结果为：");
        System.out.print("前区：");
        for(int i=0;i<arr_1.length;i++)
            System.out.print(arr_1[i]+" ");
        System.out.print("\t 后区：");
        for(int i=0;i<arr_2.length;i++)
            System.out.print(arr_2[i]+" ");
    }
}
```

（2）程序运行结果如图 6-31 所示。

项目六 彩票中奖号码的实现

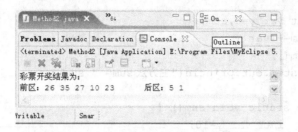

图 6-31 彩票中奖号码的无参无返回值方法实现

◇ **调试运行**

1．将存储彩票中奖号码的数组定义在方法 LotteryCreaNumMethodImp()中而不是类 Method2 中时，显示中奖号码的方法无法访问。会产生图 6-32 所示编译错误。

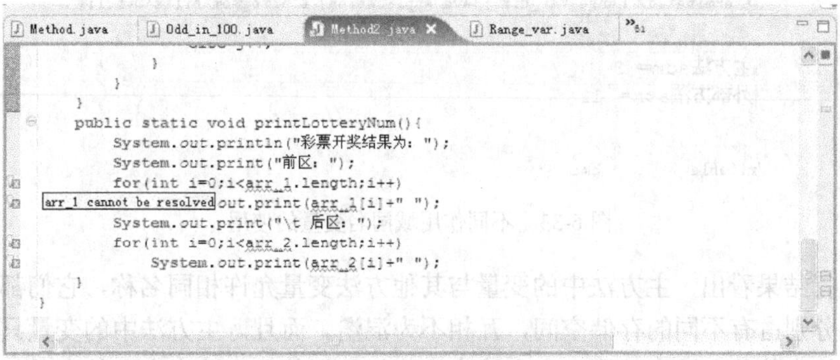

图 6-32 方法作用域外变量使用的编译错

可以看出，一个方法内定义的变量只能在方法作用域范围内使用，不能在其他方法中使用。方法之间是平行关系。

2．允许在不同方法中或不同作用域范围使用相同变量名，它们分别代表不同的对象，都被分配不同的存储单元，互相不干扰、不混淆。如产生前区彩票号码和后区彩票号码的两个循环作用域，都定义了 i,j 两个变量，它们分别是数组 arr_1、arr_2 中的数组下标，互相之间无任何影响。

◇ **维护升级**

分析下列程序中的变量的作用域。
代码如下：

```
package ArrayApp;

public class Range_Var_dif {
    /**
     * @param args
     */
    public static void main(String[] args) {
        // TODO Auto-generated method stub
```

```
        int var_y=2,sum;
        sum=++var_y;
        sum();
        System.out.println("主方法 sum= "+sum);
    }
    public static void sum() {
        int  var_y=10;
        int sum=++var_y;
        System.out.println("外部方法 sum= "+sum);
    }
}
```

程序运行结果如图 6-33 所示。

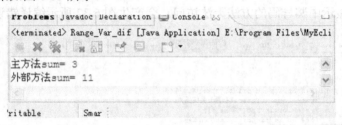

图 6-33　不同作用域同名变量的使用

通过运行结果看出，主方法中的变量与其他方法变量允许相同名称，它们都分别代表不同的对象，分别占有不同的存储空间，互相不为混淆。而且，主方法中的变量只能在主方法中使用，不能在其他方法中使用，主方法中也不能使用其他方法中定义的变量。主方法和其他方法是平行的关系。

三、无参方法的使用

◇ **需求分析**

用 java 语言中有返回值的无参方法实现彩票中奖号码的生成和显示。

1．需求描述

无参方法分有返回值和无返回值两种，彩票中奖号码的无返回值无参实现已在前几节中讲过，这里需要返回存储彩票中奖号码的数组，并在主方法中显示。

2．运行结果（见图 6-34）

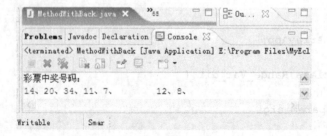

图 6-34　彩票中奖号码的无参有返回值方法实现

◆ **知识准备**

1. 技能解析

无参数有返回值且返回值类型为引用数据类型的方法的定义及使用。

（1）java 中方法有无参数方法和有参数方法，无参数方法又分为有返回值和无返回值的无参方法，有返回值的方法又分为返回值为引用数据类型和基本数据类型两种。本例中应用的是无参数、有返回值、返回值类型为数组（引用数据）类型的方法。定义三个数组，分别保存彩票中奖号码的前区、后区和整体号码。

```java
public static int[] lotteryMethodImp() {
    int arr_1[]=new int [5],arr_2[]=new int [2],arr_3[]=new int[7];
    for(int i=0;i<arr_1.length;i++){
        arr_1[i]=1+(int)(Math.random()*35);
        int j=0;
        while(j<i){
            if(arr_1[i]==arr_1[j]){
                arr_1[i]=1+(int)(Math.random()*35);
                j=0;
            }
            else j++;
        }
    }
    for(int i=0;i<arr_2.length;i++){
        arr_2[i]=1+(int)(Math.random()*12);
        int j=0;
        while(j<i){
            if(arr_2[i]==arr_2[j]){
                arr_2[i]=1+(int )(Math.random()*12);
                j=0;
            }
            else j++;
        }
    }
    
    System.arraycopy(arr_1, 0, arr_3, 0, arr_1.length);
    System.arraycopy(arr_2, 0, arr_3, 5, 2);
    return arr_3;
}
```

（2）主方法中定义一个接收彩票中奖号码的数组，用循环结构实现号码的显示。前 5 个数为前区号码，后 2 个为后区号码，用 if 语句控制跳格输出。

```java
int my_array[]=new int[7];
my_array=lotteryMethodImp();
System.out.println("彩票中奖号码：");
for(int i=0;i<my_array.length;i++){
    System.out.print(my_array[i]+"、");
```

```
        if(i==4) System.out.print("\t");
    }
```

2. 知识解析

（1）java 中无参数有返回值的定义形式

```
修饰符 返回值类型 方法名称(){
    程序语句;
    return 表达式;
}
```

其中，修饰符一般为 public 或 public static（本例中采用），后续课程详细介绍。方法要有返回值，一般 return 语句后面的表达式数据类型符合方法定义的数据类型，加入 return 语句还用来向主调方法返回执行结果。方法名称符合标识符命名规则，无参数方法，在方法名称后圆括号内容为空。

（2）java 语言中无参方法的有返回值形式分为基本数据类型和引用数据类型两种，基本数据类型的无参方法也较常见，示例代码如下：

```java
package ArrayApp;
public class WithoutArgBackInt {
    /**
     * @param args
     */
    public static void main(String[] args) {
        // TODO Auto-generated method stub
        System.out.println("两个数的和"+sum());
    }
    public static int sum() {
        int varx=37,vary=23,sum=0;
        sum=varx+vary;
        return sum;
    }
}
```

程序运行结果如图 6-35 所示。

图 6-35 参数为基本数据类型方法的实现

◆ **编码实施**

在包 ArrayApp 中创建 MethodWithBack 类，定义无参有返回值（返回值类型为引用数据类型）的方法 lotteryMethodImp()，该方法调用后将带回值，主调方法中要定义存储空间保留被调方法带回的值，并显示于控制台。

（1）代码如下：

```java
package ArrayApp;

public class MethodWithBack {
    /**
     * @param args 无参有返回值,返回引用数据类型值
     */
    public static void main(String[] args) {
        // TODO Auto-generated method stub
        int my_array[]=new int[7];
        my_array=lotteryMethodImp();
        System.out.println("彩票中奖号码: ");
        for(int i=0;i<my_array.length;i++){
            System.out.print(my_array[i]+"、");
            if(i==4) System.out.print("\t");
        }
    }
    public static int[] lotteryMethodImp() {
        int arr_1[]=new int [5],arr_2[]=new int [2],arr_3[]=new int[7];
        for(int i=0;i<arr_1.length;i++){
            arr_1[i]=1+(int)(Math.random()*35);
            int j=0;
            while(j<i){
                if(arr_1[i]==arr_1[j]){
                    arr_1[i]=1+(int)(Math.random()*35);
                    j=0;
                }
                else j++;
            }
        }
        for(int i=0;i<arr_2.length;i++){
            arr_2[i]=1+(int)(Math.random()*12);
            int j=0;
            while(j<i){
                if(arr_2[i]==arr_2[j]){
                    arr_2[i]=1+(int )(Math.random()*12);
                    j=0;
                }
                else j++;
            }
        }
        System.arraycopy(arr_1, 0, arr_3, 0, arr_1.length);
        System.arraycopy(arr_2, 0, arr_3, 5, 2);
```

```
            return arr_3;
        }
    }
```

（2）程序运行，每次产生随机数不同，显示结果也不同，如图 6-36 所示。

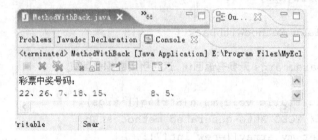

图 6-36　引用类型返回值且无参方法的实现

◆ 调试运行

1. 返回值是基本类型与数组类型，在定义方法时是有区别的，若将数组型返回值定义时写成基本类型，会产生如图 6-37 所示编译错误。

```
public static int lotteryMethodImp() {
    int arr_1[]=new int [5],arr_2[]=new int [2],arr_3[]=new int[7];
    for(int i=0;i<arr_1.length;i++){
        arr_1[i]=1+(int)(Math.random()*35);
        int j=0;
        while(j<i){
            if(arr_1[i]==arr_1[j]){
                arr_1[i]=1+(int)(Math.random()*35);
                j=0;
            }
            else j++;
        }
    }
    for(int i=0;i<arr_2.length;i++){
        arr_2[i]=1+(int)(Math.random()*12);
        int j=0;
        while(j<i){
            if(arr_2[i]==arr_2[j]){
                arr_2[i]=1+(int )(Math.random()*12);
                j=0;
            }
            else j++;
        }
    }
    System.arraycopy(arr_1, 0, arr_3, 0, arr_1.length);
    System.arraycopy(arr_2, 0, arr_3, 5, 2);
    return arr_3;
}
```

图 6-37　数组型返回值的声明编译错

正确的书写是返回值类型写为 int[]，表示声明整型数组作为返回值类型，代码片段如下：

```
public static int[] lotteryMethodImp() {
......
}
```

2. 当返回值类型为数组类型，return 后面只能是数组的名称，而不能是数组中的某个元素，否则会产生编译错误，如图 6-38 所示。

```
            }
    System.arraycopy(arr_1, 0, arr_3, 0, arr_1.length);
    System.arraycopy(arr_2, 0, arr_3, 5, 2);
    return arr_3[];
}
```

图 6-38 数组型返回值编译错

即使是 return 代码后改写为 arr_3[0]，其物理地址都指数组的首地址，也是编译无法通过的。正确的修改方式，只能将返回值改为数组的名称，而不加任何数组标识或元素下标。如：return arr_3;

◆ 维护升级

返回 10 以内随机数，用方法实现。
（1）代码如下：

```
package ArrayApp;

public class AnyNu_in10 {

    /**
     * @param args
     */
    public static void main(String[] args) {
        // TODO Auto-generated method stub
        System.out.println("10 以内的随机数："+ran_in10());
    }
    public static int ran_in10() {
        int random=1+(int)(Math.random()*10);
        return random;
    }
}
```

（2）程序运行结果如图 6-39 所示。

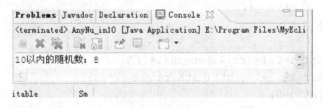

图 6-39 随机数的获取

四、方法的有参传递

◆ 需求分析

彩票中奖号码的程序实现，用有参无返回值方法实现号码随机产生，用有参无返回值方法实现中奖结果显示输出。

1. 需求描述

彩票中奖号码程序要用两个一维整型数组存储,在主方法中定义这两个数组;定义产生随机中奖号的带参方法 public static void LotteryCreaNumMethodWithArgs(int[] arr_1,int[] arr_2),把两个数组作为实参传递给该方法;定义打印方法 public static void printLotteryNum (int[] arr_1,int[] arr_2),把存储了中奖号的数组作为实参传递给打印方法。

2. 运行结果(见图6-40)

图6-40 彩票中奖号码有参方法的实现

◇ 知识准备

1. 技能解析

有参无返回值方法的定义,参数为引用数据类型(数组类型)的带参方法的实现。

(1)产生随机中奖号的带参方法 public static void LotteryCreaNumMethodWithArgs(int[] arr_1,int[] arr_2)的定义,代码如下:

```java
public static void LotteryCreaNumMethodWithArgs(int[] arr_1,int[]arr_2){
    for(int i=0;i<arr_1.length;i++){
        arr_1[i]=1+(int)(Math.random()*35);
        int j=0;
        while(j<i){
            if(arr_1[i]==arr_1[j]){
                arr_1[i]=1+(int)(Math.random()*35);
                j=0;
            }
            else j++;
        }
    }
    for(int i=0;i<arr_2.length;i++){
        arr_2[i]=1+(int)(Math.random()*12);
        int j=0;
        while(j<i){
            if(arr_2[i]==arr_2[j]){
                arr_2[i]=1+(int )(Math.random()*12);
                j=0;
            }
            else j++;
        }
```

java中，带参方法的调用只要使用如下格式：方法名称（实参1，实参2，……，实参n）；具体实现代码在主方法中调用。

（2）打印方法 public static void printLotteryNum(int[] arr_1,int[] arr_2)的定义。代码如下：

```java
public static void printLotteryNum(int[] arr_1,int[] arr_2){
    System.out.println("彩票开奖结果为: ");
    System.out.print("前区: ");
    for(int i=0;i<arr_1.length;i++)
        System.out.print(arr_1[i]+" ");
    System.out.print("\t 后区: ");
    for(int i=0;i<arr_2.length;i++)
        System.out.print(arr_2[i]+" ");
}
```

（3）主方法的实现，需要存储中奖号码的数组，定义为整型，前区长度为5，后区为2，实现代码如下：

```java
public static void main(String[] args) {
    // TODO Auto-generated method stub
    int arr_1[]=new int [5],arr_2[]=new int [2];
    LotteryCreaNumMethodWithArgs(arr_1,arr_2);
    printLotteryNum(arr_1, arr_2);
}
```

2. 知识解析

java语言中有参数的方法，其参数分为引用数据类型（数组等类型）和基本数据类型，本例是数组类型的参数传递。有参数方法又分为有返回值和无返回值的方法。

（1）java语言中有参数无返回值的方法定义形式为：

```
修饰符 void 方法名称(参数1,参数2,……,参数n){
    程序语句;
}
```

其中，修饰符可以是public或public static等，在后续类的讲解中详细介绍，无返回值类型时void必不可少；方法名称后的括号内列出了形参，形参可以为各种类型的变量，各参数间用逗号隔开，且每个形参前都必须有类型说明符（如 int arg1,int arg2）。当该方法被调用时，主调方法会将实参传递给形参，即实参值赋予给形参，在方法内部以实际参数值运算。

（2）java语言中，有参无返回值且参数为基本数据类型的方法定义和使用较常见，实现代码如下：

```java
package ArrayApp;
import java.util.Scanner;

public class MethodArgsWithoutBack {
    /**
     * @param args
     */
    public static void main(String[] args) {
```

```
        // TODO Auto-generated method stub
        Scanner scanner=new Scanner(System.in);
        System.out.println("输入第一个参与比较的数字: ");
        int var1=scanner.nextInt();
        System.out.println("输入第二个参与比较的数字: ");
        int var2=scanner.nextInt();
        MaxInTwo(var1, var2);
    }
    public static void MaxInTwo(int v1,int v2) {
        int max=0;
        boolean bln=false;
        if(v1>v2) max=v1;
        else if(v1<v2)max=v2;
        else bln=true;
        if(!bln)
            System.out.println(v1+"与"+v2+"两个数"+max+"是最大数! ");
        else
            System.out.println(v1+"与"+v2+"两个数"+"是相等大小的! ");
    }
}
```

程序运行结果如图 6-41 所示。

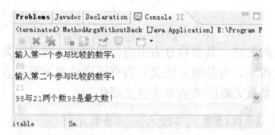

图 6-41 基本类型参数且无返回值方法的使用

以上代码是无返回值的带参方法且参数为基本类型的方法定义与使用，对于带参且参数为基本数据类型的有返回值的方法，大家可以对以上代码进行改写调试。对于其他引用数据类型的参数传递，在后续章节学习中详细介绍。

◆ **编码实施**

在包 ArrayApp 中创建 MethodWithArgs 类，定义方法 LotteryCreaNumMethodWithArgs (arr_1,arr_2);产生彩票中奖号码，并将存储号码的数组作为参数，定义方法 printLotteryNum (arr_1, arr_2);显示号码，也将号码存储单元作为参数。

（1）代码如下：

```
package ArrayApp;

public class MethodWithArgs {
    /**
```

```java
 * @param args
 */
public static void main(String[] args) {
    // TODO Auto-generated method stub
    int arr_1[]=new int [5],arr_2[]=new int [2];
    LotteryCreaNumMethodWithArgs(arr_1,arr_2);
    printLotteryNum(arr_1, arr_2);


}
public static void LotteryCreaNumMethodWithArgs(int[] arr_1,int[] arr_2 ) {
    for(int i=0;i<arr_1.length;i++){
        arr_1[i]=1+(int)(Math.random()*35);
        int j=0;
        while(j<i){
            if(arr_1[i]==arr_1[j]){
                arr_1[i]=1+(int)(Math.random()*35);
                j=0;
            }
            else j++;
        }
    }
    for(int i=0;i<arr_2.length;i++){
        arr_2[i]=1+(int)(Math.random()*12);
        int j=0;
        while(j<i){
            if(arr_2[i]==arr_2[j]){
                arr_2[i]=1+(int )(Math.random()*12);
                j=0;
            }
            else j++;
        }
    }
}
public static void printLotteryNum(int[] arr_1,int[] arr_2){
    System.out.println("彩票开奖结果为: ");
    System.out.print("前区: ");
    for(int i=0;i<arr_1.length;i++)
        System.out.print(arr_1[i]+" ");
    System.out.print("\t 后区: ");
    for(int i=0;i<arr_2.length;i++)
        System.out.print(arr_2[i]+" ");
}
}
```

(2) 程序运行结果如图 6-42 所示。

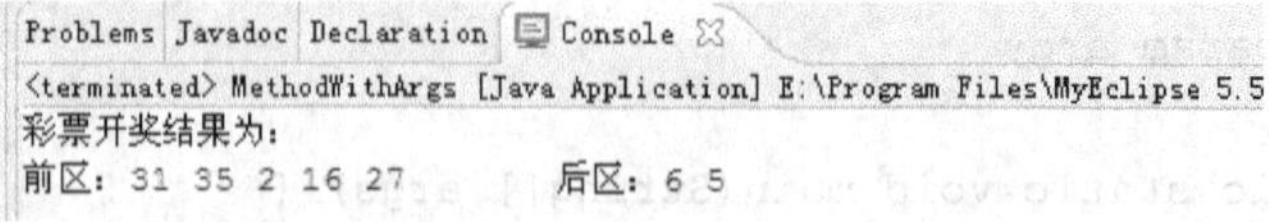

图6-42 彩票中奖号码有参无返回值方法实现

◇ 调试运行

1．定义有参数方法时，参数各自都有数据类型，即使类型相同，也不能几个参数共用一个数据类型，否则会产生如图6-43所示编译错。

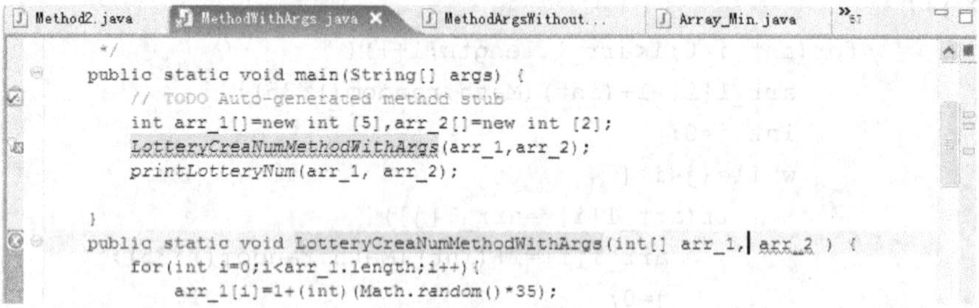

图6-43 有参方法声明形参类型编译错

2．对有参方法调用时，实参如果是数组类型，要传入数组名字，而不能是数组元素。如下代码：

```
LotteryCreaNumMethodWithArgs(arr_1,arr_2);
```

以上调用方法代码产生如图6-44所示编译错误。

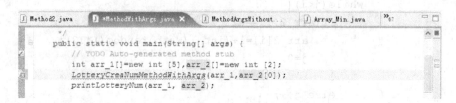

图6-44 方法参数为数组类型编译错

编译提示，方法参数内容不兼容，需要的不只是数组的首地址，而且只能是数组的名称。

3．定义有参方法时，形参是数组类型时，数组的中括号不能省略。定义时误将arr_1数组中括号不写，产生如图6-45所示编译错误。

◇ 维护升级

1．对已知数组{23,42,12,85,10,69}中的数据求取最小值，用有参有返回值方法实现。
（1）代码如下：

```
package ArrayApp;

public class Array_Min {
    /**
```

项目六 彩票中奖号码的实现

```
public static void LotteryCreaNumMethodWithArgs(int arr_1,int[] arr_2 ) {
    for(int i=0;i<arr_1.length;i++){
        arr_1[i]=1+(int)(Math.random()*35);
        int j=0;
        while(j<i){
            if(arr_1[i]==arr_1[j]){
                arr_1[i]=1+(int)(Math.random()*35);
                j=0;
            }
            else j++;
        }
    }
}
```

图 6-45　数组元素省略"[]"编译错

```
     * @param args
     */
    public static void main(String[] args) {
        // TODO Auto-generated method stub
        int my_array[]={23,42,12,85,10,69};
        System.out.println("{23,42,12,85,10,69}数组中最小数是:"+min(my_array));
    }
    public static int min(int[] arr) {
        int minArr=arr[0];
        for(int i=0;i<arr.length;i++)
            if(minArr>arr[i]) minArr=arr[i];
        return minArr;
    }
}
```

（2）程序运行结果如图 6-46 所示。

图 6-46　有参有返回值方法实现最小值获取

2. 在包 ArrayApp 中创建 MethodArgsWithoutBack 类，定义参数为基本数据类型的、无返回值方法 public static void MaxInTwo(int v1,int v2);，方法实现两个参数的大小比较并将大数显示输出；定义主方法，主方法中从控制台获取任意两个整型数字，并作为主调方法，将两个数字作为实参传递给被调方法 MaxInTwo()。
（1）代码如下：

```
package CalcuCode;
package ArrayApp;
```

```java
import java.util.Scanner;

public class MethodArgsWithoutBack {
    /**
     * @param args
     */
    public static void main(String[] args) {
        // TODO Auto-generated method stub
        Scanner scanner=new Scanner(System.in);
        System.out.println("输入第一个参与比较的数字：");
        int var1=scanner.nextInt();
        System.out.println("输入第二个参与比较的数字：");
        int var2=scanner.nextInt();
        MaxInTwo(var1, var2);
    }
    public static void MaxInTwo(int v1,int v2) {
        int max=0;
        boolean bln=false;
        if(v1>v2) max=v1;
        else if(v1<v2)max=v2;
        else bln=true;
        if(!bln)
            System.out.println(v1+"与"+v2+"两个数"+max+"是最大数！");
        else
            System.out.println(v1+"与"+v2+"两个数"+"是相等大小的！");
    }
}
```

（2）当输入两个相等的数时，程序运行结果如图 6-47 所示。

图 6-47　有参无返回值方法实现任意数据大小比较

项目实训与练习

一、操作题

1. 求一维数组各元素的和。
2. 实现对数组{27,30,11,67,100,97,20}的排序及有序输出。
3. 定义一个整型数组，求取数组元素的最大值、最小值及全部元素的和，显示结果。
4. 定义 5 个元素的数组，每个元素的值分别为各自的下标值，将该数组逆序输出。

5. 已知一个数组{1,3,5,4,7,2,6,9,8}，求取平均值。
6. 定义一个整型数组{32,11,54,73,13,16,19,30}，求取奇数个数、偶数个数。
7. 声明一个求和方法，包含两个形参变量，并返回结果。

二、选择题
1. java 语言中，数组中每个元素的数据类型是（　　　）。
   A．部分相同的　　　　　　　　B．相同的
   C．不同的　　　　　　　　　　D．任意的
2. 已知 "int[] a=new int[10];"，下列数组元素中非法元素是（　　　）。
   A．a[0]　　　　B．a[1]　　　　C．a[9]　　　　D．a[10]
3. 下列初始化语句正确的是（　　　）。
   A．int a[5]={1,2,3,4,5};　　　　B．int[] a=new int[]{1,2,3,4,5};
   C．int[] a=new int[5]{1,2,3,4,5};　D．int[5] a=new int[]{1,2,3,4,5};
4. 关于一维数组的声明，正确的是（　　　）。
   A．int a[]=new int[];　　　　　B．int a[5]=new int[];
   C．int a[]=new int[5];　　　　D．int a[5]=new int[5];
5. 方法没有返回值，在方法定义时需要关键字（　　　）。
   A．void　　　　B．final　　　　C．int　　　　D．this
6. 下列有参数方法定义格式正确的是（　　　）。
   A．public void sum(int a,b){ 语句；}
   B．public sum(int a,int b){ 语句；}
   C．public void sum(int a,int b){ 语句；}
   D．public void sum(a,b){ 语句；}
7. 下列哪种写法实现访问数组中第 5 个元素（　　　）。
   A．a[5]　　　　B．a(5)　　　　C．a[6]　　　　D．a(6)
8. 关于数组的说法正确的是（　　　）。
   A．数组数据类型只能是基本数据类型
   B．数组的长度在声明时可以不用指定
   C．数组的每个元素占用空间可以不同
   D．数组中每个元素的名称不相同
9. 数组的长度用（　　　）获取。
   A．.class　　　　B．.length()　　　　C．.i++　　　　D．.length

三、填空题
1. 若 int array[]={21,53,35,64,32}，则 a[2]元素值是_____。
2. int myarr[]={0,4,5,12,-7,56,0};数组 myarr 的长度是_____。
3. 数组元素的下标从_____开始。长度为 length 的数组最后一个元素是_____。
4. 有定义 int a[]={3,68,34,98,7,96}，该数组 a[3]元素的值为_____。
5. 数组元素的复制属于值复制，数组名称的复制属于_____复制。
6. 数组是有序的数据集合，每个元素具有相同的数据类型，其中的每个元素由_____和_____来唯一确定。

字符串交流信息

项目目标

本章的主要内容是介绍字符串类的创建、初始化，介绍字符串的常见操作及方法；可变字符串类的定义及使用、可变字符串类的常用方法。通过本章的学习，了解 java 语言的字符串类和可变字符串类；掌握 String 类的基本用法；熟悉 String 类的常用操作；掌握 StringBuffer 类的方法；会使用 StringBuffer 类对字符串的操作。

项目内容

用 java 语言实现 "Hello! My java world!!!" 字符串的大小写转换操作；求得该字符串的长度；返回大写转换后的字符串；从 "Hello! My java world!!!" 字符串中求得子字符串 "My java world!"；返回 "java" 在字符串中的位置；把已有字符串的空格去掉；将已有字符串逆序输出。

java 语言中有一种特殊的复合类型数据，它既不是基本数据类型，也不是字符数组，它是字符串类。在最开始学习 java 的时候，我们就接触过字符串类，通过本项目的学习，可以学会使用字符串类进行简单 java 程序的设计并掌握其规范操作字符串的实例方法。本项目需要通过将问题分解由以下任务来完成。

任务一 认识字符串及创建字符串

◇ 需求分析

用 java 语言描述和显示已知字符串 "Hello! My java world!!!"。

1. 需求描述

根据以上信息，实现字符串在 java 语言中的表示形式；实现字符串的控制台输出，认识字符串的类型特点及定义形式。

2. 运行结果（见图 7-1）

◇ 知识准备

1. 技能解析

String 类实例化对象的几种方式，变量的赋值操作方式。

```
Problems Tasks Web Browser  Console   Servers
<terminated> ConstrctStrObj [Java Application] E:\Program Files\MyEclipse 5.5.1 GA\jre\bin\javaw.exe
Hello!My java world!!!
```

图 7-1 字符串显示

本任务中，以三种方式声明字符串常量、并使用赋值运算符进行初始化的代码如下：

```
char say[]={'H','e','l','l','o','!'};
String Wecl=new String(say);
String character=new String("My java");
String Lag="world!!!";
```

当然，以上代码可以用其中一种方式声明字符串变量，并将常量字符串赋值的形式：

```
String say="Hello!My java world!!!";
```

或者，先声明一个变量，通过 new 关键字构造一个字符串对象。

```
String say=new String("Hello!My java world!!!");
```

或者，借助字符数组初始化，然后用 new 关键字构造一个字符串对象。

```
char say[]={'H','e','l','l','o','!','M','y',' ','j','a','v','a',' ',
'w','o','r','l','d','!','!','!'};
String say_Lay=new String(say);
```

从以上几种方式看，当字符串字符比较多时，借助字符数组初始化的情况不是很实用。如果按照可变字符串形式表示，程序可以做如下代码改写：

```
StringBuffer sb=new StringBuffer("Hello!My java world!!!");
```

2．知识解析

java 语言中，字符串不是字符数组，它是由一个或者多个字符组成的有序序列。字符串也是一种数据类型，它不是基本数据类型，而是引用数据类型（也叫复合数据类型），其也像基本数据类型一样分为常量和变量两种形式，一般在程序中都是将字符串常量赋值给字符串变量，字符串提供了被规范操作的实例方法，为程序处理提供许多便利。

java 提供了两种字符串类型，一种是 String 类类型，也被称为不可变长度字符串类类型，另一种是 StringBuffer 类类型，也被称为可变长度字符串类类型。

（1）实例化字符串对象常用以下几种方式：

第一，采用直接赋值的方式为字符串实例化对象：

```
String str="Hello!My java world!!!";
```

第二，采用 new 关键字来构造字符串对象：

```
String str=new String("Hello!My java world!!!");
```

第三，采用字符数组初始化，再用 new 关键字构造字符串对象：

```
char say[]={'H','e','l','l','o','!','M','y',' ','j','a','v','a',' ','w',
'o','r','l','d','! ','!','!'};
String str=new String(say);
```

第四，采用已知字符串变量，被赋给字符串引用的字符串对象：

```
String str1="Hello!My java world!!!";
String str2=str1;
```

（2）采用直接赋值为字符串实例化对象的方式与用 new 关键字构造字符串对象的方式是有区别的。在显示结果上没有什么区别，但在内存空间使用上有很大的区别。

首先，字符串常量就是一个匿名的字符串对象。匿名对象就是没有定义引用名称的但已经在内存中开辟实体空间的对象。如下代码可以看出，一个字符串常量可以按照对象的规则，使用其方法：

```
package StrExa;

public class ConStr {
    /**
     * @param args
     */
    public static void main(String[] args) {
        // TODO Auto-generated method stub
        System.out.println("Hello!".length());
    }
}
```

以上代码输出结果如图 7-2 所示。

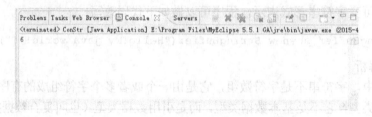

图 7-2　字符串常量的对象规则使用

从以上程序运行结果发现，作为字符串常量"Hello!"，确实作为一个没有引用名称的匿名对象操作了其求取长度的 length() 方法。

如果将以上常量字符串分别赋给三个不同名称的引用，程序代码如下：

```
package StrExa;
public class ConStrRef {
    /**
     * @param args
     */
    public static void main(String args[]){
        String str_0="Hello!";
        String str_1="Hello!";
```

```
            String str_2="Hello!";
            System.out.println((str_0==str_1)&&(str_0==str_2)&&(str_1==str_2));
    }
}
```

以上程序运行结果如图 7-3 所示。

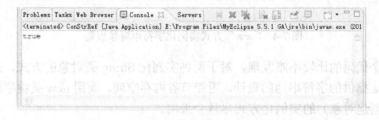

图 7-3 不同引用名称的同值字符串使用规则

通过以上代码分析，当定义常量字符串给任意多个不同名称的引用对象的时候，(str_0、str_1、str_2) 它们都共享一个"Hello!"字符串常量，这也是 String 类使用直接赋值字符串常量方式的好处，即只要是有一个引用已经声明了字符串常量内容，以后再声明任何与原声明相同的常量字符串内容的引用，则不会再在堆内存空间中为其开辟新的空间。极大地节省了程序运行时的内存空间。

以上 String 类的操作，是利用了 java 语言中提供的字符串池的共享设计实现的。Java 中共享设计就是在字符串声明时，字符串池保存多个对象，新实例化的引用如果被赋予已经存在的字符串内容，则不再重新开辟新空间，而是从池中取出已存字符串继续使用。就是因为 String 的这种设计特点，以上代码才会将 str_1、str_2 指向已存在的实例空间。

再次，对于用 new 关键字构造字符串对象的方式实现 String 类对象实例化的代码如下：

```
package StrExa;

public class NewStrCons {
    /**
     * @param args
     */
    public static void main(String[] args) {
        // TODO Auto-generated method stub
        String str_0=new String("Hello!");
        String str_1=new String("Hello!");
        String str_2=new String("Hello!");
        System.out.println((str_0==str_1)&&(str_0==str_2)&&(str_1==str_2));
    }
}
```

以上程序执行结果如图 7-4 所示。

从以上代码执行结果分析，每个"Hello!"是一个对象，占用了内存空间，经过 new 又重新开辟新的空间，分别三次执行以上的开辟空间操作，赋给 str_0、str_1、str_2 引用变量，它们三个分别使用不同的空间，以至于他们的地址空间不同，而结果为 false。

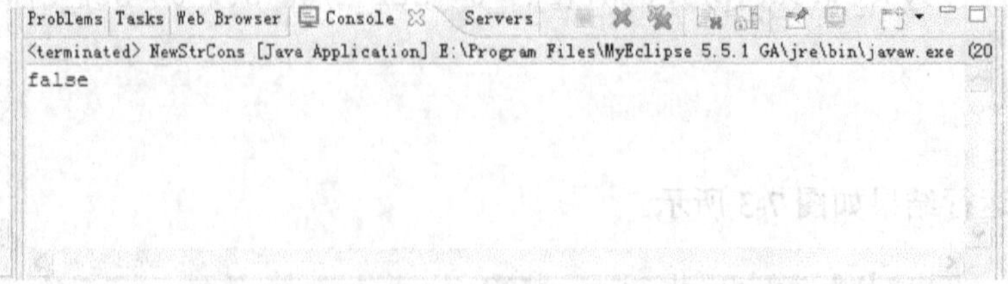

图 7-4 "new" 方式实例化字符串对象规则

从以上三个代码的比较不难发现，对于两种实例化 String 类对象的方式，采用直接赋值方式，利用 java 提供的字符串池的设计，更能节省内存空间，而用 new 关键字构造字符串对象（构造方法创建对象）的实例化方式尽量少采用。

（3）String 类操作特性——字符串内容不可改变。

String 类操作特性之一是，一旦以直接赋值方式对字符串变量赋值，其值不可改变。要修改字符串内容，则原字符串不变，而是又产生了新的字符串引用变量指向新修改的字符串常量。如下代码所示：

```java
package StrExa;
public class ConStrChangless {
    /**
     * @param args
     */
    public static void main(String[] args) {
        // TODO Auto-generated method stub
        String str="Hello!";
        str=str+"My java world!!!";
        System.out.println(str);
    }
}
```

以上代码执行结果如图 7-5 所示。

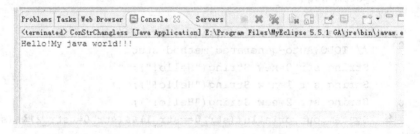

图 7-5 不可变字符串连接

对以上代码分析，"Hello!"已经占用内存字符串池，又开辟空间 str 指向此常量字符串空间，"My java world!!!"也占用一片内存空间，当执行"+"操作后，相当于将新产生"Hello!"和"My java world!!!"连接一起的字符串，又占用一片新的内存空间，赋值给 str 引用变量。

以上这种操作在程序开发中是不可取的。因为以上的字符串是通过引用变量地址对不同内存空间断开指向及重新指向来实现的,极大地降低了程序的执行性能。若想实现字符串的连接操作,java中提供了可变长度字符串类 StringBuffer 类解决。

(4) "+" 连接符号在 java 中的 String 类使用时的特定含义

```
package StrExa;
public class ConstrctStrObj {
    /**
     * @param args
     */
    public static void main(String[] args) {
        // TODO Auto-generated method stub
        char say[]={'H','e','l','l','o','!'};
        String Wecl=new String(say);
        int age=12;
        System.out.println(Wecl+age);
    }
}
```

以上程序执行结果如图 7-6 所示。

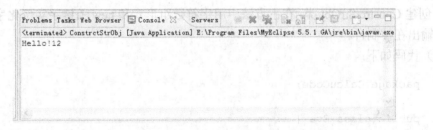

图 7-6 "+" 连接符号的使用

以上代码执行结果看出,只要 "+" 连接符号两边参与运算的其中任意一个类型是 String 类型,则编译器自动将另外运算数转换成字符串类型,而没有发生加法算术运算,因而在与字符串类型相连接时,需特别留意其数据类型自动转换的特点。

(5) 可变长字符串 StringBuffer 类。

StringBuffer 类之所以被称为可变长度字符串,因其特点是,在使用过程中可以依需要而对已初始定义的字符串长度以 16 个字符为单位来不断扩充缓冲区,从而使新增字符能被容纳下。StringBuffer 类又可以与 String 类通过一定的方法互相转换,操作起来也很便利。

对于"Hello!"与"My java world!!!"字符串的创建可以通过 StringBuffer 类来实现。代码如下:

```
package StrExa;

public class StrBufCon {

    /**
     * @param args
     */
    public static void main(String[] args) {
```

```
        // TODO Auto-generated method stub
        StringBuffer sb=new StringBuffer("Hello!");
        sb.append("My java");
        sb.append("world!!!");
        System.out.println(sb);
    }
}
```

以上代码执行结果如图 7-1 所示。StringBuffer 类的特点是，当已经开辟的空间字符被用满，还要继续添加字符时，这类对象会自动在连续的区域扩充 16 个字符大小的缓冲区空间。

StringBuffer 类还有其他创建对象的方法，如对以上代码用其他方式实现，可以把第一句进行修改：

```
StringBuffer sb=new StringBuffer();
```

或者先确定其使用长度，代码改为：StringBuffer sb=new StringBuffer(100);
其真正使用的空间是 sb.append()追加的字符数。以上两种方式，请自行调试程序练习。

◇ 编码实施

1. 创建 ConstrctStrObj 类，在主方法中用字符数组形式和 new 关键字实例化字符串对象，并显示输出在控制台。

（1）代码如下：

```
package CalcuCode;

public class Eva {
    /**
     * @param args
     */
    public static void main(String[] args) {
        char say[]={'H','e','l','l','o','!'};
        String Wecl=new String(say);
        System.out.println(Wecl);
    }
}
```

（2）控制台输出如图 7-7 示例。

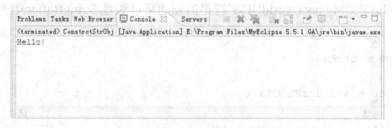

图 7-7　字符数组为参数的字符串构造

2. 对代码增加新的字符串内容，并使用 new 关键字对新增加字符串进行实例化，通过符号"+"实现字符串的连续输出。
(1) 代码如下:

```
package StrExa;
public class ConstrctStrObj {
    /**
     * @param args
     */
    public static void main(String[] args) {
        // TODO Auto-generated method stub
        char say[]={'H','e','l','l','o','!'};
        String Wecl=new String(say);
        String character=new String("My java ");
        System.out.println(Wecl+character);
    }
}
```

(2) 控制台输出如图 7-8 示例。

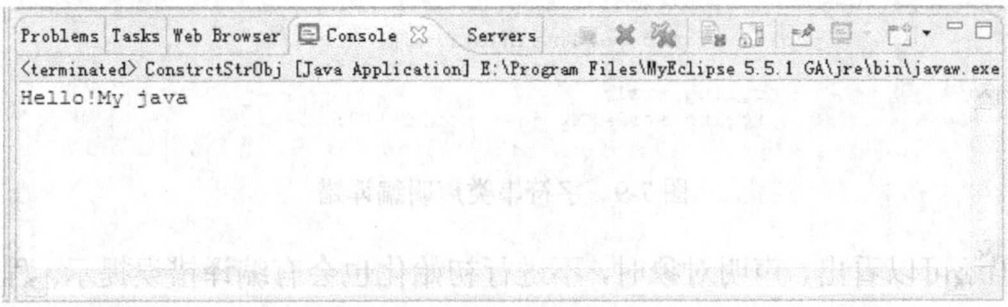

```
Problems Tasks Web Browser  Console   Servers
<terminated> ConstrctStrObj [Java Application] E:\Program Files\MyEclipse 5.5.1 GA\jre\bin\javaw.exe
Hello!My java
```

图 7-8 "+" 连接字符串变量

3. 对代码修改,以字符串常量赋值的实例化方式增加新的字符串。
(1) 代码如下:

```
package StrExa;
public class ConstrctStrObj {
    /**
     * @param args
     */
    public static void main(String[] args) {
        // TODO Auto-generated method stub
        String say="Hello!My java world!!!";
        System.out.println(say);
    }
}
```

(2) 控制台输出如图 7-1 所示。
以上代码还可以优化简写形式,即将 main 方法中的所有语句替换为一条打印输出语句,System.out.println("Hello!My java world!!!");程序也可以实现图 7-1 所示效果,其程序调试可以自行练习。

◆ 调试运行

程序代码编写过程注意字符串类首字母必须大写，java 中对于首字母大小写是敏感的，一般情况下，类的首字母要大写，忽略了首字母大写会产生编译错误，代码如下所示：

```
package StrExa;
public class ConstrctStrObj {
    /**
     * @param args
     */
    public static void main(String[] args) {
        string str1;
        string str2="My java world!!!";
        System.out.println(str1.concat(str2));
    }
}
```

程序编译如图 7-9 所示。

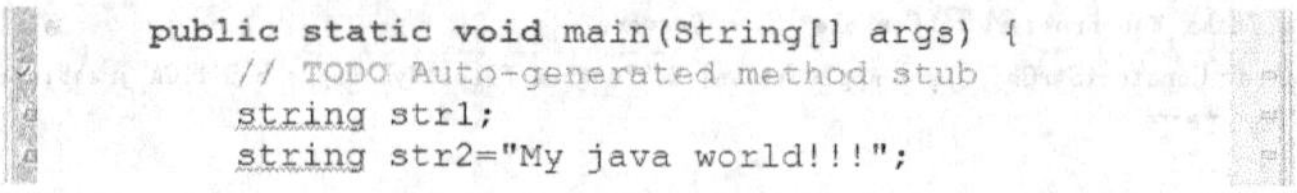

图 7-9　字符串类声明编译错

以上代码还可以看出，声明对象时，不进行初始化也会有编译错误提示。程序代码如下：

```
package StrExa;

public class ConstrctStrObj {
    /**
     * @param args
     */
    public static void main(String[] args) {
        String str1;
        String str2="My java world!!!";
        System.out.println(str1+str2);
        System.out.println(str1.concat(str2));
    }
}
```

程序编译如图 7-10 所示。

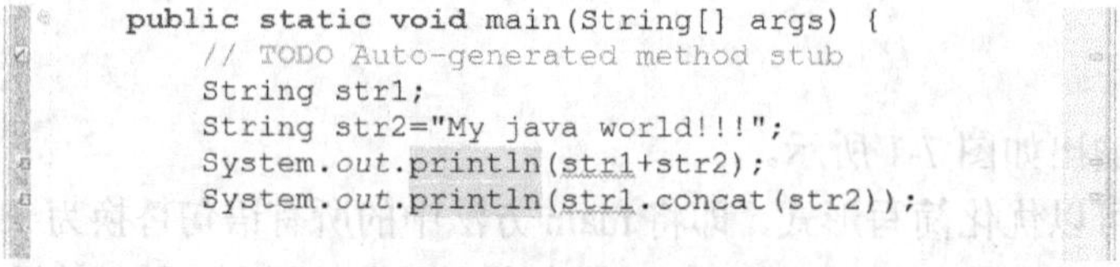

图 7-10　未初始化字符串编译错

◇ 维护升级

声明两个字符串变量，对两个变量初始化并将两个字符串用 concat 方法连接，将连接后结果显示输出。

（1）创建类 ConstrctStrObj，主方法中采用初始化字符串变量的方式，将两个字符串连接，可以采用两种方式实现，程序代码如下：

```
package StrExa;
public class ConstrctStrObj {
    /**
     * @param args
     */
    public static void main(String[] args) {
        // TODO Auto-generated method stub
        String str1="Hello!";
        String str2="My java world!!!";
        System.out.println(str1+str2);
        System.out.println(str1.concat(str2));
    }
}
```

（2）控制台输出如图 7-11 所示。

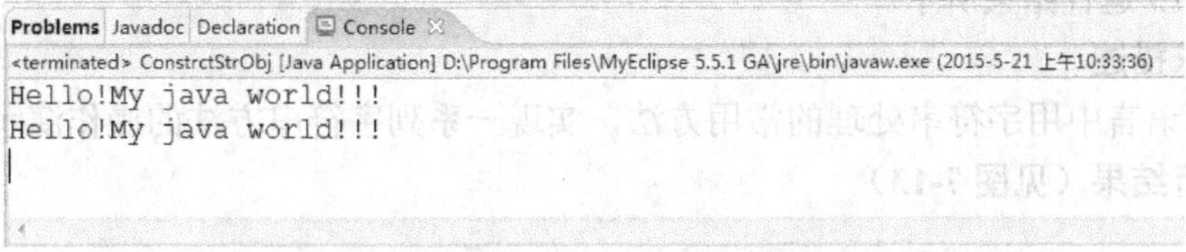

图 7-11 不同方式字符串连接的比较

通过以上程序输出比较，两种运算结果相同。在 java 中，当运算符"+"两边有一个以上是字符串类型运算数时，"+"就将作为连接符号实现字符串的连接操作，与 concat()方法实现相同的功能，这种连接功能并不改变原有字符串 str1 与 str2 的值。同样，str1.concat()方法执行后，其原字符串值也并不发生改变。测试代码如下：

```
package StrExa;
public class ConstrctStrObj {
    /**
     * @param args
     */
    public static void main(String[] args) {
        String str1="Hello!";
        String str2="My java world!!!";
        System.out.println(str1+str2);
        System.out.println(str1);
        System.out.println(str2);
        System.out.println(str1.concat(str2));
```

```
System.out.println(str1);
System.out.println(str2);
    }
}
```

以上程序运行结果如图 7-12 所示。

```
Problems  Javadoc  Declaration  Console
<terminated> ConstrctStrObj [Java Application] D:\Program Files\MyEclipse 5.5.1 GA\jre\bin\javaw.exe (2015-5-21 上午10:43:07)
Hello!My java world!!!
Hello!
My java world!!!
Hello!My java world!!!
Hello!
My java world!!!
```

图 7-12　字符串连接前后比较

任务二　字符串方法的应用

◆ 需求分析

将已有字符串"Hello!My java world!!!"进行转换，返回大写字符串；求得字串"My java world!"；返回"java"在字符串中的位置；把已有字符串的空格去掉；将已有字符串逆序输出。如图 7-13 运行结果所示。

1．需求描述

在 java 语言中用字符串处理的常用方法，实现一系列字符串方法的操作演示。

2．运行结果（见图 7-13）

```
Problems  Javadoc  Declaration  Console
<terminated> AppString [Java Application] D:\Program Files\MyEclipse 5.5.1 GA\jre\bin\javaw.exe (2015-5-21 下午04:25:10)
已知字符串：Hello!My java world!!!
对已知字符串大写转换：HELLO!MY JAVA WORLD!!!
已知字符串经过大写是否有变化：false
已知字符串的长度：22
子串是： My java world!!!
java在已知字符串中出现的位置：9
已知字符串去掉空格后：Hello!My java world!!!
已知字符串有没有变化：false
已知字符串进行反转后!!!dlrow avaj yM!olleH
```

图 7-13　字符串处理程序应用

◆ 知识准备

1．技能解析

不可变字符串方法的使用，可变字符串方法的使用。

（1）字符串经过大写转换方法 toUpperCase()应用后，实现字符串转变结果中所有字符全部变为大写：

```
System.out.println("对已知字符串大写转换："+str.toUpperCase());
```

类似于这种转换,还可以对字符串进行小写转换,该方法使用方式与大写转换类似,该方法原形是 toLowerCase()。

需要说明的是,虽然经过转换得到全部大写或小写字符串,但并不影响原字符串的值。即发生 String UpStr=str.toUpperCase()操作后,UpStr 是全部大写字符,而 str 内字符大小写并未被改变。

(2) 求取已知字符串的长度,用 length()方法,而不是使用 length,实现形式如下:

```
System.out.println("已知字符串的长度: "+str.length());
```

在数组中取得数组的长度,使用 length,操作的最后没有"()",而求取字符串的长度,调用的 length 是方法,方法在使用时,一定要有"()"。

(3) 从长字符串中提取部分子串,对于不可变字符串类 String,java 语言类库使用 substring(index)方法实现,形式如下:

```
System.out.println("子串是: "+str.substring(6));
```

substring(index)方法是截取了从 index 位置开始到字符串结尾的子字符串。还有一个方法 substring(index1, index2),是实现截取从 index1 到 index2 范围内的子字符串,而且这个范围不包括 index2 位置的字符。

(4) 判定某个单词或字符在字符串中出现的位置,使用 indexOf(index)方法实现,形式如下:

```
System.out.println("java 在已知字符串中出现的位置:"+str.indexOf("java"));
```

如果指定参数字符串存在于该字符串中,则此方法返回指定参数字符串的位置,如果不存在,则返回-1。

如果要获取字符序列中最后出现的某个指定字符的索引,使用 lastIndexOf()方法实现,形式如下:

```
System.out.println("字符 l 在字符串"Hello!My java world!!!"中最后一次出现的
位置:"+str.lastIndexOf("l"));
```

运行结果是,字符 l 在字符串"Hello!My java world!!!"中最后一次出现的位置:17。

(5) 去掉字符串中的前、后空格,使用 trim()方法实现,形式如下:

```
System.out.println("已知字符串去掉空格后:"+str.trim());
```

在以上代码执行后,字符串前、后如果存在空格,则空格会被滤掉,字符串中如果存在空格,则空格不会消失。若想把所有空格都去掉,则使用方法 replaceAll(" ",""),表示用 " " 代替空格 " "。实现形式如下:

```
System.out.println("已知字符串去掉空格后:"+s. replaceAll(" ",""));
```

需要说明的是,当执行 str=s. replaceAll(" ","");后, s. replaceAll(" ","")的结果将全部去掉空格,而 s 的字符串保持不变。

(6) 字符串比较运算方法 s.equals(str)将运算变量 s 及参数 str 的内容值是否相等做比较,而且是严格区分大小写的,实现形式如下:

```
System.out.println(" 已知字符串有没有变化:"+!"Hello!My java world!!!".
```

Equals(str));

如果需要忽略字符串的大小写而进行比较,应使用方法 equalsIgnoreCase(String str)方法。

==运算符也是进行比较操作的,它一般用来比较两个对象是否引用同一个实例。此方法要根据操作数来决定比较的内容,当操作数是基本数据类型,则对操作数的值进行相等比较;当操作数是对象,则对操作数的地址(引用)进行相等比较,即判定操作数是否指向同一个对象。

(7) 对字符串内容倒置,使用可变字符串的方法 sb.reverse()实现,执行此方法后,sb 原字符串将与结果串都发生内容倒置的变化。形式如下:

```
StringBuffer sb=new StringBuffer(str);
sb.reverse();
System.out.println("已知字符串进行反转后"+sb);
```

2. 知识解析

(1) java 语言中,字符串类常用的处理方法很多,不可变字符串 String 类中,如:基本类型转换为字符串类型 valueOf()方法、从字符串中提取指定位置的字符 charAt()、字符串转变为字符数组 toCharArray()、测试字符串是否具有指定的开始子串或结束子串 startsWith()、endsWith()等。

① 银行账户输出时,会将数据库中数据由 double 或 money 类型向 String 类型转换,其转换方法与将一个整数转换成字符串类型的方法使用形式相同,这里仅介绍一种转换方法案例应用。

```
package StrExa;

public class StrFun {
    /**
     * @param args
     */
    public static void main(String args[]){
        // TODO Auto-generated method stub
        System.out.println("客户账户余额: ");
        System.out.println(String.valueOf(10000));
    }
}
```

程序运行如图 7-14 所示结果。

```
Problems Javadoc Declaration  Console
<terminated> StrFun [Java Application] E:\Program Files\MyEclipse 5.5.1 GA\jre\bin\javaw.exe (2015-5-25 上午10:15:22)
客户账户余额:
10000
```

图 7-14 整型类型向字符串类型转换

将 int 类型数据转换成字符串类型数据还有一种方法,利用 Integer 类的 toString(int i)方

法实现，如 String str=Integer. toString(10000);

其他基本数据类型向字符串类型转换的方法见表 7-1 所示。

表 7-1 基本数据类型转换为字符串类型方法

返回值类型	方法名称及参数、功能描述
static String	valueOf(boolean b) 返回 boolean 参数的字符串表示形式
static String	valueOf(char c) 返回 char 参数的字符串表示形式
static String	valueOf(char[] data) 返回 char 数组参数的字符串表示形式
static String	valueOf(char[] data, int offset, int count) 返回 char 数组参数的特定子数组的字符串表示形式
static String	valueOf(double d) 返回 double 参数的字符串表示形式
static String	valueOf(float f) 返回 float 参数的字符串表示形式
static String	valueOf(int i) 返回 int 参数的字符串表示形式
static String	valueOf(long l) 返回 long 参数的字符串表示形式
static String	valueOf(Object obj) 返回 Object 参数的字符串表示形式

② 从字符串中提取指定位置的字符应用 charAt()方法，程序实现形式如下：

```
package StrExa;

public class StrFunCharAt{
    /**
     * @param args
     */
    public static void main(String[] args) {
        // TODO Auto-generated method stub
        String str="Hello!My java world!!!";
        System.out.println("字符串第六个位置是字符："+str.charAt(6));
    }
}
```

程序运行如图 7-15 所示结果。

```
Problems  Javadoc  Declaration  Console
<terminated> StrFunCharAt [Java Application] E:\Program Files\MyEclipse 5.5.1 GA\jre\bin\javaw.exe (2015-5-25 上午11:05:28)
字符串第六个位置是字符：M
```

图 7-15 字符串指定位置字符的获取

③ 字符串转变为字符数组应用 toCharArray()方法。

字符串 String 类可以使用构造方法把字符数组变为一个字符串，也可以使用 toCharArray() 方法把字符串转换为字符数组，使用形式如下：

```java
package StrExa;

public class StrFun_toCharArr{
    /**
     * @param args
     */
    public static void main(String[] args) {
        // TODO Auto-generated method stub
        String str="Hello!My java world!!!";
        char ch[]=str.toCharArray();
        for(int i=0;i<ch.length;i++){
            System.out.print(ch[i]+" ");
        }
        System.out.println("\n");
        String str1=new String(ch);
        String str2=new String(ch,0,5);
        System.out.println(str1);
        System.out.println(str2);
    }
}
```

程序运行如图 7-16 所示结果。

```
Problems  Javadoc  Declaration  Console
<terminated> StrFun_toCharArr [Java Application] E:\Program Files\MyEclipse 5.5.1 GA\jre\bin\javaw.exe (2015-5-25 上午11:13:42)
H e l l o ! M y   j a v a   w o r l d ! ! !

Hello!My java world!!!
Hello
```

图 7-16　字符串转换为字符数组

程序把已有字符串转换为字符数组，字符串的长度就是字符数组中元素的个数，然后，通过 String 类的构造方法的两种形式，将字符数组全部转换得到全部字符串、部分转换得到字符串的部分子串。

④ 测试字符串是否具有指定的开始子串或结束子串 startsWith()、endsWith()，程序实现如下：

```java
package StrExa;

public class StrStartsEndsWith{
    /**
     * @param args
     */
    public static void main(String[] args) {
        // TODO Auto-generated method stub
        String str="Hello!My java world!!!";
```

```
            if(str.startsWith("Hello")){
                System.out.println("字符串\"Hello!My java world!!!\"以Hello开头");
            }
            if(str.endsWith("world!!!")){
                System.out.println("字符串\"Hello!My java world!!!\"以world!!!结尾");
            }
        }
    }
```

程序运行如图 7-17 所示结果。

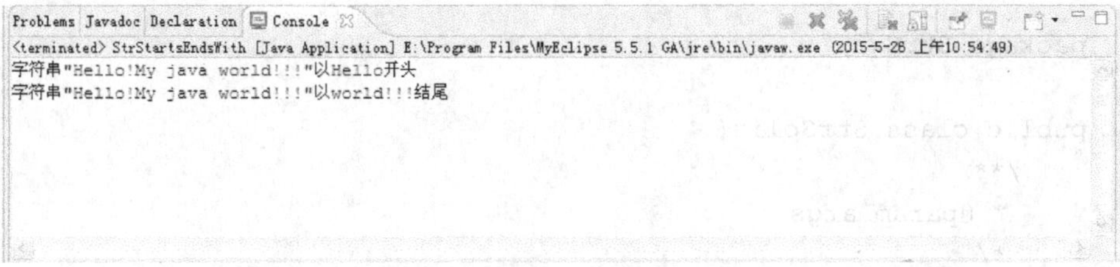

图 7-17 测定字符串的首尾子串

利用不可变长字符串 String 类的 startsWith()和 endsWith()方法可以判定字符串是否以指定内容开始和结尾。

⑤ byte 数组与字符串的相互转换。

字符串 String 类可以使用带有 byte 数组参数的构造方法将字节数组转化为字符串，也可以通过 getBytes()方法将字符串转变为字节数组。

```
package StrExa;

public class StrByteChan{
    /**
     * @param args
     */
    public static void main(String[] args) {
        // TODO Auto-generated method stub
        String str="Hello!My java world!!!";
        byte[] bt=str.getBytes();
        String str1=new String(bt);
        System.out.println(str1);
        String str2=new String(bt,6,7);
        System.out.println(str2);
    }
}
```

程序运行如图 7-18 所示结果。

字符串与 byte 数组或 char 数组之间的相互转换操作在 IO 操作中会经常使用，不难看出，字符串与这两种数组转换形式是相似的，只是使用的方法不同而已。

图 7-18　byte 数组与字符串的相互转换

⑥ 按照指定条件拆分字符串。

字符串 String 类中 split()方法能够对已有字符串按照指定条件拆分，拆分后会得到一个字符串数组。

```
package StrExa;

public class StrSplit{
    /**
     * @param args
     */
    public static void main(String[] args) {
        // TODO Auto-generated method stub
        String str="Hello!My java world!!!";
        String s_arr[]=str.split(" ");
        for(int i=0;i<s_arr.length;i++){
            System.out.println(s_arr[i]);
        }
        System.out.println("原字符串是："+str);
    }
}
```

程序运行如图 7-19 所示结果。

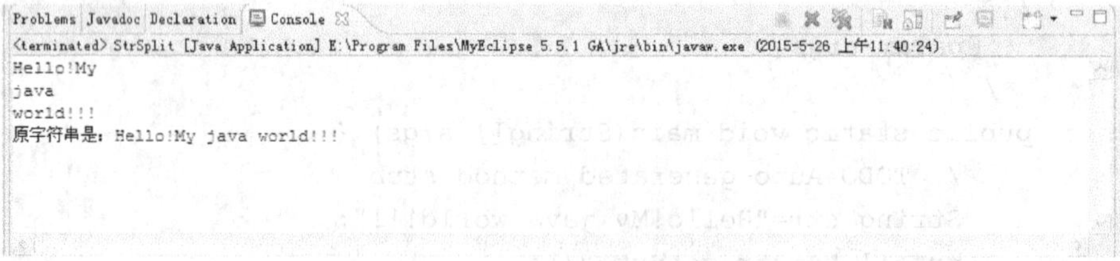

图 7-19　指定条件拆分字符串

从运行结果看出，字符串执行 split()方法后，会返回一个字符串数组，无论这个字符串数组被保存与否，原字符串并无改变。

（2）java 语言中，变长字符串类 StringBuffer 类也提供许多常用的处理方法，如：设置或更改可变字符串的长度 setLength(int length)方法、对可变字符串中单个字符替换或赋值方法 setCharAt(int index, char ch)、在字符串指定位置插入新字符串 insert(int offset, String str)等方法。

① 变长字符串 StringBuffer 类中添加新字符串。

对已有字符串进行内容追加使用 StringBuffer 类提供的 append()方法,已有内容发生改变,长度增加。

```
package StrExa;

public class StrBufApp{
    /**
     * @param args
     */
    public static void main(String[] args) {
        // TODO Auto-generated method stub
        StringBuffer sb=new StringBuffer(50);
        System.out.println("已知字符串内容为："+sb);
        sb.append("Hello!My java world!!!");
        System.out.println("追加后字符串内容为："+sb);
        System.out.println("字符串容量为："+sb.capacity());
        System.out.println("字符串长度为："+sb.length());
    }
}
```

程序运行如图 7-20 所示结果。

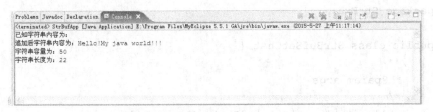

图 7-20　可变字符串中添加新字符串

以上程序使用构造方法,将初始字符串内容设置为空,但容量设置为 50,空串被执行 append()方法后,变量内容增加,长度也增加。求取长度和求取容量是有区别的,被追加的字符串长度在容量范围内的,容量不发生改变,长度大于容量的,容量也会发生改变。

② 更改可变字符串长度。

StringBuffer 类提供了改变字符串长度的方法 setLength(int length),当长度 length 小于已有字符串长度时,已有字符串会被截取 length 个字符的子串输出。当长度 length 大于已有字符串长度时,被截取的子字符串被追加空格。

```
package StrExa;

public class StrBufSetLen {
    /**
     * @param args
     */
    public static void main(String[] args) {
        // TODO Auto-generated method stub
        StringBuffer sb=new StringBuffer("Hello!My java world!!!");
        System.out.println("初始字符串内容为:"+sb);
```

```
            sb.setLength(10);
            System.out.println("被设置长度后字符串内容为:"+sb);
            sb.setLength(30);
            System.out.println("被设置长度后字符串内容为:"+sb);
        }
    }
```

程序运行如图 7-21 所示结果。

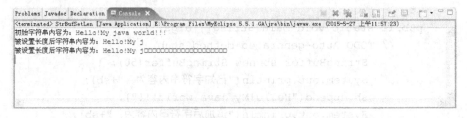

图 7-21　更改可变字符串长度

③ 向已有字符串中指定位置的字符赋值，或更改字符串中指定位置的字符。

StringBuffer 类提供了对字符串中的指定位置的字符进行替换的方法 setCharAt(int index, char ch)方法，替换后无返回结果，原字符串变为替换后的字符串。

```
package StrExa;

public class StrBufSetChAt {
    /**
     * @param args
     */
    public static void main(String[] args) {
        // TODO Auto-generated method stub
        StringBuffer sb=new StringBuffer("Hello!My java world!!!");
        System.out.println("替换前的字符串:"+sb);
        sb.setCharAt(5,',');
        System.out.println("替换后的字符串:"+sb);
    }
}
```

程序运行如图 7-22 所示结果。

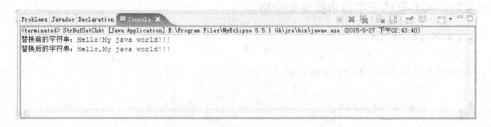

图 7-22　替换已有字符串指定位置的字符

④ 将字符串插入字符序列中。

StringBuffer 类提供了向字符串中的指定位置插入一系列字符的方法 insert(int offset,

String str)，即按顺序将 String 参数 str 中的字符插入原字符串中的指定位置，将该位置处原来的字符向后移，此序列将增加该参数的长度。如果 str 为 null，则向此序列中追加 4 个字符"null"。

```
package StrExa;

public class SrtBufIns {
    /**
     * @param args
     */
    public static void main(String[] args) {
        // TODO Auto-generated method stub
        StringBuffer sb=new StringBuffer("Hello!My world!!!");
        System.out.println("执行 insert()方法前初始字符串:"+sb);
        StringBuffer sb1=sb.insert(9, "java ");
        System.out.println("执行 insert()方法后原字符串:"+sb);
        System.out.println("执行 insert()方法后新字符串:"+sb1);
    }
}
```

程序运行如图 7-23 所示结果。

```
<terminated> SrtBufIns [Java Application] E:\Program Files\MyEclipse 5.5.1 GA\jre\bin\javaw.exe (2015-5-27 下午03:13:00)
执行insert()方法前初始字符串: Hello!My world!!!
执行insert()方法后原字符串: Hello!My java world!!!
执行insert()方法后新字符串: Hello!My java world!!!
```

图 7-23 字符串插入已知字符序列

◇ 编码实施

创建 AppStrFunc 类，在主方法中使用不可变长字符串 String 类和可变长字符串类 StringBuffer 类的方法，实现一系列操作，将结果显示在控制台。

（1）代码如下：

```
package StrExa;

public class AppStrFunc {
    /**
     * @param args
     */
    public static void main(String[] args) {
        // TODO Auto-generated method stub
        String str = "Hello!My java world!!!";
        System.out.println("已知字符串:" + str);
        System.out.println("对已知字符串大写转换:" + str.toUpperCase());
```

```
            System.out.println("已知字符串经过大写是否有变化:"
                + !"Hello!My java world!!!".equals(str));
            System.out.println("已知字符串的长度:" + str.length());
            System.out.println("子串是: " + str.substring(6));
            System.out.println("java 在已知字符串中出现的位置:"
                + str.indexOf ("java"));
            System.out.println("已知字符串去掉空格后:" + str.trim());
            System.out.println("已知字符串有没有变化:"
                + !"Hello!My java world!!!".equals(str));
            StringBuffer sb = new StringBuffer(str);
            sb.reverse();
            System.out.println("已知字符串进行反转后" + sb);
        }
    }
```

（2）程序运行结果如图 7-13 所示。

◆ 调试运行

1. 对已知字符串进行大小写转换，转换方法执行后，原字符串有无变化，验证代码如下：

```
package StrExa;

public class AppStrFunc{
    /**
     * @param args
     */
    public static void main(String[] args) {
    // TODO Auto-generated method stub
        String str = "Hello!My java world!!!";
        System.out.println("已知字符串: " + str);
        System.out.println("对已知字符串大写转换: " + str.toUpperCase());
        System.out.println("对已知字符串大写转换: " + str.toLowerCase());
        System.out.println("已知字符串经过大写是否有变化: "
            + !"Hello!My java world!!!".equals(str));
    }
}
```

程序运行结果如图 7-24 所示。

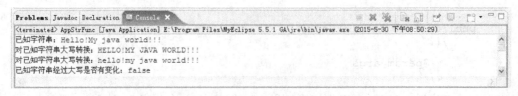

图 7-24 字符串大小写转换前后比较

由以上程序运行结果看出，字符串执行大小写转换后，原字符串不发生改变。
2. 对已知字符串截取子字符串有两种方式：一种是从原字符串某个位置开始一直截取

到原字符串的结尾；另一种是在原字符串中截取指定两个位置（非开始、结尾）的子字符串，代码如下：

```java
package StrExa;

public class AppStrFunc {
    /**
     * @param args
     */
    public static void main(String[] args) {
        // TODO Auto-generated method stub
        String str = "Hello!My java world!!!";
        System.out.println("从第 6 索引位置截取的子串是： " +
        str.substring(6));
        System.out.println("从第 6 索引位置到第 13 索引位置截取的子串： "
        + str.substring(6,13));
    }
}
```

程序运行结果如图 7-25 所示。

```
Problems  Javadoc  Declaration  Console
<terminated> AppStrFunc [Java Application] E:\Program Files\MyEclipse 5.5.1 GA\jre\bin\javaw.exe (2015-5-30 下午09:01:01)
从第6索引位置截取的子串是： My java world!!!
从第6索引位置到第13位置索引截取的子串是： My java
```

图 7-25 截取子串操作

3．将已知字符串中的空格去掉，分为去掉前后空格、去掉所有空格的两种方式，代码如下：

```java
package StrExa;

public class AppStrFunc {
    /**
     * @param args
     */
    public static void main(String[] args) {
        // TODO Auto-generated method stub
        String str = "Hello!My java world!!!";
        System.out.println("已知字符串： " + str);
        System.out.println("已知字符串去掉前后空格后： " + str.trim());
        System.out.println("已知字符串去掉所有空格后： " + str.replaceAll(" ",""));
        System.out.println("已知字符串去掉空格后原字符串：" + str);
    }
}
```

程序运行结果如图 7-26 所示。

从以上程序运行结果看出，前后空格的去除方法 trim()并不去除字符串中内部空格，若要去掉内部空格需使用 replace()方法。另外，去掉空格方法并不会使原字符串发生改变。

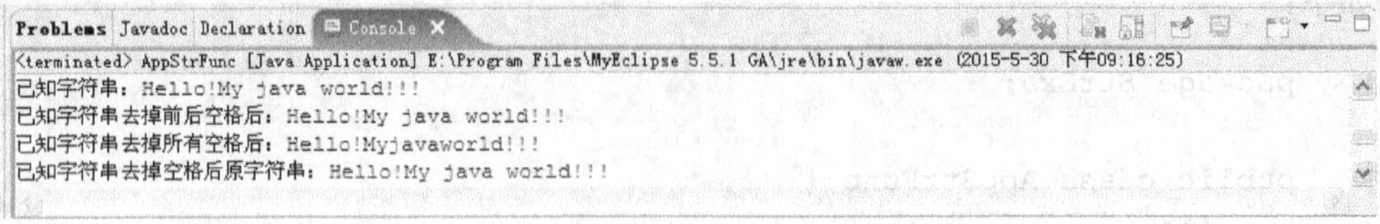

```
已知字符串: Hello!My java world!!!
已知字符串去掉前后空格后: Hello!My java world!!!
已知字符串去掉所有空格后: Hello!Myjavaworld!!!
已知字符串去掉空格后原字符串: Hello!My java world!!!
```

图 7-26　去除字符串中空格

4. 将已知字符串中的字符反转，代码如下：

```
package StrExa;

public class AppStrFunc {
    /**
     * @param args
     */
    public static void main(String[] args) {
        // TODO Auto-generated method stub
        String str = "Hello!My java world!!!";
        System.out.println("已知字符串: " + str);
        StringBuffer sb = new StringBuffer(str);
        sb.reverse();
        System.out.println("已知字符串进行反转后: " + sb);
    }
}
```

程序运行结果如图 7-27 所示。

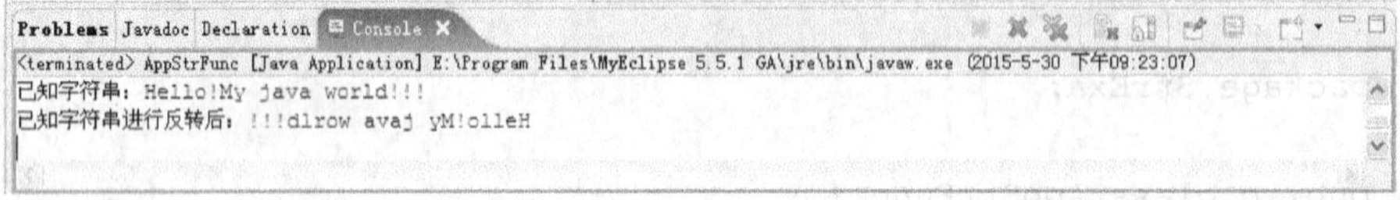

```
已知字符串: Hello!My java world!!!
已知字符串进行反转后: !!!dlrow avaj yM!olleH
```

图 7-27　字符串反转

从以上结果看出，使用可变长度字符串类 StringBuffer 类的对象执行反转方法后，原字符串发生改变。

◇ **维护升级**

利用 String 类中的方法，实现任意一个句子中的单词数量统计。
(1) 代码如下：

```
package CalcuCode;

public class CompCoNumExp {
    /**
     * @param args
     */
```

```java
        public static void main(String[] args) {
            // TODO Auto-generated method stub
            int num=1;     //单词数量计数
            int index=0;   //空格所处索引位置
            String subStr="";
            Scanner input=new Scanner(System.in);
            System.out.println("请输入英文语句：");
            String sentence=input.nextLine();
            subStr=sentence.substring(0);
            for(int i=0;i<sentence.length();i++){
                index=subStr.indexOf(" ");
                if(index>-1)   num++;
                subStr=subStr.substring(index+1);
            }
            System.out.println("已输入的语句：\""+sentence+"\"");
            System.out.println("共有 "+num+" 个单词");
        }
    }
```

（2）程序运行结果如图 7-28 所示。

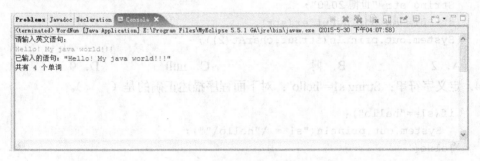

图 7-28　统计语句中单词数量

（3）以上程序中，利用 for 循环查找空格符号的位置，当 subStr.indexOf(" ")方法返回值不等于-1 时，表示发现空格存在的位置，此时进行单词数量累加；循环内部再重新定位子字符串的起始位置，从该空格位置+1 截取原字符串形成该新子字符串。

项目实训与练习

一、操作题

1. 在项目中创建类 NumCode，判断字符串"jinrijihuijava"中字符 i 出现的次数并显示输出结果。
2. 已知字符串："this is a simple excercise of java"，编写程序，将其转换为大写字符串。
3. 编写一个程序，用对数组 array[]={30,70,50,20,10,40,60,90,80,100}进行从大到小的排序。
4. 编写一个方法，对给定字符串倒序输出。
5. 输入一行字符，分别统计出其中英文字母、空格、数字和其他字符的个数。

6. 编程实现：一个 5 位数，判断它是不是回文数。即 12321 是回文数，个位与万位相同，十位与千位相同。

7. 编写一个方法，求一个字符串的长度；提示：在 main 方法中输入字符串，并输出其长度。

二、选择题

1. 定义字符串：String str="tmndklw"；则 str.indexOf('d')的结果是（　　）。

   A. 'd'　　　　　　B. true　　　　　　C. 3　　　　　　D. 4

2. 下面程序段执行完毕后，count 的值是（　　）。

   ```
   String str [ ]={"ring","king","running","tree","left"};
   int count=0;
   for(int i=0;i<str.length;i++)
   if(str [i].endsWith("ng"))
   count++;
   ```

   A. 1　　　　　　B. 2　　　　　　C. 3　　　　　　D. 4

3. 下列程序段的执行结果是（　　）。

   ```
   StringBuffer strBuf;
   String str="世博2010";
   strBuf=new StringBuffer(str);
   System.out.println(strBuf.charAt(2));
   ```

   A. 2　　　　　　B. 博　　　　　　C. null　　　　　　D. 0

4. 定义字符串：String s1="hello"；对下面程序描述正确的是（　　）。

   ```
   if(s1=="hello"){
     System.out.println("s1 = \"hello\"");
   }else{
    System.out.println("s1 !=hello");
   }
   ```

   A. 输出 s1 !=hello　　　　　　B. 编译通过,执行逻辑错误
   C. 编译产生语法错误　　　　　D. 输出 s1="hello"

5. 以下代码段将创建几个对象（　　）。

   ```
   String str_1="hello";
   String str_2="hello";
   ```

   A. 2　　　　　　B. 3　　　　　　C. 0　　　　　　D. 1

6. 以下创建了几个对象（　　）。

   ```
   String str1,str2,str3;
   str1="k";
   str2="i";
   str3="n";
   StringBuffer strBuf=new StringBuffer("king");
   strBuf=strBuf.append("123");
   ```

   A. 6　　　　　　B. 4　　　　　　C. 3　　　　　　D. 5

7. 下列哪个字符串不能作为类标识符（   ）。
   A. MethMeor　　　　　　　　B. methmeor
   C. Web　　　　　　　　　　　D. Hello-word
8. 关于 String 类和 StringBuffer 类下面说法正确的是（   ）。
   A. String 方法操作后原字符串内容不变
   B. String 字符串有一个 append 方法实现字符串连接
   C. StringBuffer 连接字符串使用 conct 方法
   D. StringBuffer 在 java.util 包中
9. 阅读下列代码

```
public class Test2015{
public static void main(String args[]){
String str=" exc";
Switch(str){
case"Java":System.out.print("java");break;
case"Language":System.out.print("develop");break;
case" Test" :System.out.print("exc");break;
}
}
}
```

其运行结果是（   ）。
   A. java　　　　B. develop　　　　C. exc　　　　D. 编译出错

三、填空题

1. 字符串是指_____，在 java 语言中，并没有内置的字符串类型，而是 JDK 提供的_____类。
2. 在 java 语言中，String 类的_____方法用来求取字符串的长度。
3. String 类中比较内容时使用_____方法，而比较地址值时使用_____。
4. java 语言中，有两个类封装了对字符串的操作，是_____和_____。
5. java 的 String 类中_____方法将原字符串全部转换为大写字符。
6. 已知 sbf 为 StringBuffer 类的对象，sbf.toString()的值为"mnopq"，则执行 sbf.reverse()后，sbf.toString()的值是_____。

参 考 文 献

[1] 彭德林，李德有. Java 程序设计技能教程. 北京：中国水利水电出版社，2009.
[2] 魏勇. 基于工作过程的 Java 程序设计. 北京：清华大学出版社，2010.
[3] 张红梅. Java 应用案例教程. 北京：清华大学出版社，2010.
[4] 刘志宏，向东. Java 程序设计教程. 北京：航空工业出版社，2010.
[5] 孙修东，王永红. Java 程序设计任务驱动式教程. 北京：北京航空航天大学出版社，2010.
[6] 吴琳. Java 程序设计技术. 哈尔滨：哈尔滨工业大学出版社，2013.
[7] 职业教育研究院. 使用 Java 理解程序逻辑. 北京：科学技术文献出版社，2011.
[8] 传智播客高教产品研发部. Java 基础入门. 北京：清华大学出版社，2014.